［新版］

2級ボイラー技士試験
標準問題集

目　　　次

Ⅲ 燃料及び燃焼に関する知識

Ⅳ ボイラー及び圧力容器に関する法令

二級ボイラー技士免許試験の受験について

1.　受験資格

平成 24 年 4 月 1 日から、二級ボイラー技士免許試験の受験資格は不要になり、国籍、性別、職業、年齢などに関係なく、誰でも受験できます。ただし、免許申請の際は、免許交付要件としてボイラー実技講習修了等の実務経験が必要となりますので、ご注意ください。

ボイラー実技講習はこれまでどおり、免許試験の受験前に受講するほか、免許試験に合格した後に受講することができます。実務経験がない方は、都道府県労働局長の登録を受けた当協会各支部が実施するボイラー実技講習を受講することにより、免許交付要件となります。

受験申請には申請書のほかに、本人確認証明書（氏名、生年月日及び住所を確認できる書類）として、以下の書類のいずれか一つを添付することが必要です。

① 住民票記載事項証明書又は住民票（写 不可）
② 健康保険被保険者証の写（表裏）
③ 労働安全衛生法関係各種免許証の写（表裏）
④ 自動車運転免許証の写（表裏）
⑤ その他氏名、生年月日及び住所が記載されている身分証明書等の写

※この本人確認証明書に限り、写しには「原本と相違ないことを証明する」との事業者等の証明は不要です。

2.　免許試験の実施と試験範囲

二級ボイラー技士免許試験は、厚生労働大臣が指定した指定試験機関である公益財団法人安全衛生技術試験協会が毎月 1～2 回、試験場となる各地の安全衛生技術センターで実施します。また、これ以外に年数回、出張特別試験も実施しています。

二級ボイラー技士免許試験の試験科目と配点、試験時間、試験範囲は表のとおりです。また、解答は５つの選択肢から１つを選ぶマークシート方式です。

試験科目	出題数（配点）	試験時間
ボイラーの構造に関する知識	10 問（100 点）	3 時間
ボイラーの取扱いに関する知識	10 問（100 点）	
燃料及び燃焼に関する知識	10 問（100 点）	
関係法令	10 問（100 点）	

試験科目	試験範囲
ボイラーの構造に関する知識	熱及び蒸気、種類及び型式、主要部分の構造、附属設備及び附属品の構造、自動制御装置
ボイラーの取扱いに関する知識	点火、使用中の留意事項、埋火、附属装置及び附属品の取扱い、ボイラー用水及びその処理、吹出し、清浄作業、点検
燃料及び燃焼に関する知識	燃料の種類、燃焼方式、通風及び通風装置
関係法令	労働安全衛生法、労働安全衛生法施行令及び労働安全衛生規則中の関係条項、ボイラー及び圧力容器安全規則、ボイラー構造規格中の附属設備及び附属品に関する条項

3. 受験申請手続

受験申請書は、公益財団法人安全衛生技術試験協会本部、または各地の安全衛生技術センター、当協会各支部において無料で配布しています。

受験の申込みは、受験申請書と本人確認証明書等の必要書類、証明写真、試験手数料とともに、受験を希望する安全衛生技術センターに、受験を希望する試験日の2ヶ月前から受け付けていますので、簡易書留郵便による郵送または直接提出してください。

受付期間は、郵送の場合は試験日の14日前の消印があるものとなっています。また直接、各センター窓口に提出の場合は、休業日を除く受験希望日の2日前の16時まで（例:試験日が月曜の場合、2日前は前週の木曜日になる）となっています。いずれも、第1希望日の定員に達した場合には、第2希望日になりますので、早めに手続きをしてください。

詳細については、各センター及び公益財団法人安全衛生技術試験協会本部（「5. 免許試験に関する問い合わせ」を参照）までお問い合わせください。

4. 合格基準

二級ボイラー技士免許試験の合格基準は、試験科目ごとの得点が100点満点の40%以上であって、かつ、4科目の合計点が60%以上の場合が合格になります。

5. 免許試験に関する問い合わせ

問い合わせ先	電話番号	問い合わせ先	電話番号
公益財団法人安全衛生技術試験協会	03-5275-1088	中部安全衛生技術センター	0562-33-1161
北海道安全衛生技術センター	0123-34-1171	近畿安全衛生技術センター	079-438-8481
東北安全衛生技術センター	0223-23-3181	中国四国安全衛生技術センター	084-954-4661
関東安全衛生技術センター	0436-75-1141	九州安全衛生技術センター	0942-43-3381
関東安全衛生技術センター 東京試験場	03-6432-0461		

本書の使い方

この問題集は数多くの問題を次々に解いていくことで，幅広い知識を身に付けられるようになっています。

二級ボイラー技士受験に当たっては，公表問題にない問題を含んでいることから，より完全な受験対策となります。

また，実際にボイラー設備の運転・取扱いを行っていて，周辺機器を含めてよりボイラーを理解したい方々にも知識の確認ができます。小型ボイラー・圧力容器等に関する法令の問題も含まれていて，演習により実際の運用に役立つ知識が身に付きます。

【構成】

各頁は上部に問題と解答の選択肢を示し，その下に数行の解説，解答と参照先を記載しています。

【参照先】

解説及び解答欄には，日本ボイラ協会が発行している図書の参照先を示しています。

参照する図書は，「2級ボイラー技士教本」，「［新版］最短合格　2級ボイラー技士試験」及び「［新版］わかりやすいボイラー及び圧力容器安全規則」となっています。

解説中では図書の名前が次のように省略して表記されています。

「2級ボイラー技士教本」……………………………………(教本)

「［新版］最短合格　2級ボイラー技士試験」………………(最短合格)

「［新版］わかりやすいボイラー及び圧力容器安全規則」……(ボ則教本)

それぞれの図書の参照先の「章・節・項」の番号が記載されています。

一例として，解説に

・「教本 1.1.1⑵参照」と書いてあれば，

「2級ボイラー技士教本」の1．ボイラーの構造，1．1 熱及び蒸気，

1．1．1 基礎事項の⑵熱量，比熱　を示します。

・「最短合格 1.5.1 [2]参照」と書いてあれば，

「［新版］最短合格　2級ボイラー技士試験」の1．ボイラーの構造，1．5 熱及び蒸気，

1．5．1 基礎事項の[2]熱量，比熱　を示します。

「内容が理解できない」，「不明な点がある」，「おぼろげな知識を確かなものにしたい」など，“気になった”時には，参照先を見て学習して下さい。わかりやすい図などを使った説明，テキストを読むことで関連知識の獲得など，ボイラーに関する理解が深まります。

I

ボイラーの構造に関する知識

1 熱，蒸気及びボイラーの概要

問 1

ゲージ圧力 0 MPa における飽和蒸気 1 kg の全熱量として，正しいものは次のうちどれか。

(1) 4.3 kJ
(2) 431 kJ
(3) 1,294 kJ
(4) 2,257 kJ
(5) 2,676 kJ

問 2

標準大気圧下における熱及び蒸気の記述として，正しいものは次のうちどれか。

(1) 比熱の大きいものは，温まりやすく冷えやすい。
(2) 比熱の小さいものは，温まりにくく冷えにくい。
(3) 同じ質量の水と蒸気にそれぞれ同じ熱量を加えれば，温度の上がり方は同じである。
(4) 一般に質量 1 kg の水の温度を 1℃だけ高めるのに要する熱量は 4.187 kJ である。
(5) 一般に質量 1 kg の鋼材の温度を 1℃だけ高めるのに要する熱量は 4.187 kJ である。

問 1 0 MPa（ゲージ）における飽和水（100℃）の熱量は約 419 kJ/kg であり，飽和水から飽和蒸気への蒸発熱（潜熱）は 2,257 kJ/kg である。したがって，1 kg 当たりの飽和蒸気の熱量は，419＋2,257＝2,676 kJ となる。2,257 kJ/kg は，実際蒸発量と換算蒸発量の換算に使用する。（教本 1.1.1(3)，1.1.2(1)，図 1.1，最短合格 1.5.1 ③ C 参照）

答え (5)

問 2 比熱とは，質量 1 kg の物体の温度を 1 K（1℃）高めるのに要する熱量を表したもので，その単位は［kJ/(kg·K)］である。したがって，比熱の大きい物質ほど温まりにくい。標準大気圧下での水の比熱は約 4.187 kJ/(kg·K)である。（教本 1.1.1(2)，最短合格 1.5.1 ② A 参照）

答え (4)

問3

「大気圧下で 1 kg の水を 0℃から 100℃まで高めるのに必要な［　A　］は［　B　］である。これを同温度の蒸気に変えるには［　C　］の［　D　］が必要である。」

上文中の［　　］内に入れる A から D までの用語，数字の組合せとして，正しいものは次のうちどれか。

	A	B	C	D
(1)	顕　熱	418.7 kJ	2,257 kJ	全　熱
(2)	潜　熱	4.187 kJ	418.7 kJ	顕　熱
(3)	顕　熱	418.7 kJ	2,257 kJ	蒸発熱
(4)	潜　熱	4.187 kJ	2,675 kJ	全　熱
(5)	顕　熱	2,257 kJ	418.7 kJ	潜　熱

問4

30℃の水 400 kg を 80℃に加熱するのに要する熱量として，正しいものは次のうちどれか。

(1)　50.3 MJ　　(2)　83.7 MJ

(3)　100.6 MJ　　(4)　134.1 MJ

(5)　167.6 MJ

問3 温度上昇に費やされる熱を顕熱といい，水から蒸気，氷から水などへ状態変化に費やされる熱を潜熱という。水から蒸気への潜熱は，蒸発熱ともいわれる。したがって，水 1 kg を 0℃から 100℃に温度を変化させる顕熱は 4.187×(100－0)＝418.7 kJ であり，標準大気圧下での水の蒸発熱（潜熱）は 2,257 kJ である。（[問 2] 解説参照）（教本 1.1.1 (3)，最短合格 1.5.1 [3] C 参照）

答え (3)

問4 4.187×(80－30)×400＝83,740 kJ≒83.7 MJ となる。この間の熱は顕熱である。（教本 1.1.2(2)(b)，最短合格 1.5.1 [2] A，B 参照）

答え (2)

問 5

熱及び蒸気の記述として，正しいものは次のうちどれか。

(1) 乾き飽和蒸気を加熱しても，その温度は変わらない。
(2) 蒸気の圧力が決まれば，その飽和温度は決まる。
(3) 水の臨界圧力における温度を飽和温度という。
(4) 圧力が高くなっても飽和蒸気の比エンタルピは一定である。
(5) 圧力が高くなっても蒸発熱は一定である。

問 6

面積 1 m^2 の面に 5,000 N の力が作用する時，その面に作用する圧力で，正しいものは次のうちどれか。

(1) 0 Pa　(2) 5 hPa
(3) 50 hPa　(4) 500 hPa
(5) 5,000 hPa

問 7

140℃の飽和蒸気 300 kg の体積はおよそいくらか。ただし，このとき比体積は 0.5085 m^3/kg とする。

(1) 508.5 m^3　(2) 440.0 m^3　(3) 223.8 m^3
(4) 152.6 m^3　(5) 70.0 m^3

問 5 乾き飽和蒸気を加熱すれば，蒸気温度はその圧力の飽和温度から上昇し過熱蒸気となる。圧力が高くなるほど飽和温度は上昇し，飽和水の比エンタルピも上昇するが，蒸発熱は減少する。なお，飽和蒸気の比エンタルピは約 3 MPa 付近で最高となる。（教本 1.1.2 及び表 1.1(2)，最短合格 1.5.2 [1] A 参照）
答え (2)

問 6 圧力の換算に関する問題である。
5,000 N/m^2 = 5,000 Pa = 50 × 10^2 Pa = 50 hPa (= 5 kPa)
（教本 1.1.1 (1) (b)，最短合格 1.5.1 [1] B 参照）
答え (3)

問 7 質量を体積に換算する問題である。
比体積［m^3/kg］は，1 kg の質量の物質が占める体積のことであるので，300 kg × 0.5085 m^3/kg = 152.6 m^3 となる。（教本 1.1.1 (1) (c)，最短合格 1.5.1 [1] C 参照）
答え (4)

問8

ゲージ圧力 1.0 MPa の飽和蒸気 1,500 m^3 の質量はいくらか。ただし，このときの密度は 5.643 kg/m^3 とする。

(1) 5,540 kg　(2) 7,500 kg　(3) 8,465 kg
(4) 11,550 kg　(5) 15,000 kg

問9

熱及び蒸気についての記述として，誤っているものは次のうちどれか。

(1) 一般に標準大気圧の下で，1 kg の水の温度を 1℃高めるのに要する熱量は 4.187 kJ である。
(2) 飽和蒸気の全熱量は，顕熱と潜熱と蒸発熱の合計である。
(3) 飽和蒸気を加熱すると過熱蒸気になる。
(4) 蒸発熱は，一般的に飽和圧力が高くなるほど小さくなる。
(5) 比熱の小さい物体は比熱の大きい物体より，同じ熱量を加えたとき温度の上がり方が大きい。

問8 密度より質量を算出する問題である。

1,500 m^3×5.643 kg/m^3＝8,465 kg（教本 1.1.1(1)(c)，最短合格 1.5.1 ①参照）　**答え (3)**

問9 顕熱とは，温度を変化させる熱で，潜熱は状態変化に必要とする熱である。水（液体）を蒸発させ蒸気（気体）に変化させる潜熱を蒸発熱ともいうので，(2)は潜熱と蒸発熱が加算されているため，誤り。（教本 1.1.1(3)，最短合格 1.5.1，1.5.2 参照）

答え (2)

1 熱，蒸気及びボイラーの概要

問 10

伝熱についての記述として，誤っているものは次のうちどれか。

(1) 金属棒の一端を熱したとき，熱が棒内を通り他端に伝わる現象を熱伝導という。
(2) 液体又は気体が固体壁に接触して流れ，固体壁との間で熱が移動する現象を熱伝達又は対流熱伝達という。
(3) 熱伝達率は固体表面の状態，流れの状態，温度が一定ならば，流体の種類に関係なく一定である。
(4) 熱交換器のように，固体壁を通して管の内外の流体の間に熱の移動が行われる現象を熱貫流という。
(5) 燃焼室に直面している伝熱面は強い放射熱を受けるので，放射伝熱面といわれる。

問 11

ボイラーの伝熱についての記述として，誤っているものは次のうちどれか。

(1) 流体が固体壁に接触して流れ，その間に熱の移動が行われることを熱伝導という。
(2) 伝熱面に付着するすすは熱の不良導体なので，これを除去しなければ伝熱効果が向上しない。
(3) ボイラー内にスケールが付着すると，伝熱効果が妨げられる。
(4) ボイラー水の循環をよくすると，燃焼熱のボイラー水への伝達が良好に行われるようになる。
(5) 放射熱を利用するには，炉内温度を高くするほどよい。

問 10 熱伝達の良否は，流体の性状，流れの状態，表面の状態などによって変化する。熱放射による伝熱は，熱を放射する物体と熱を受ける物体との温度により大きく左右される。（教本 1.1.4，最短合格 1.5.4 参照）

答え（3）

問 11 流体が固体壁に接触して流れ，固体壁との間で熱の移動が行われることを熱伝達という。熱伝導は，物体内部で温度の高い部分から低い部分へ熱が伝わる現象をいう。（教本 1.1.4(1)，最短合格 1.5.4 参照）

答え（1）

問 12

熱，蒸気等に関する記述として，正しいものは次のうちどれか。

(1) 水の蒸発熱は，水の状態変化に費やされ，温度上昇には費やされない熱量である。

(2) 蒸気の絶対圧力とは，大気圧を 0 MPa とした場合の圧力をいう。

(3) 過熱蒸気の温度と同じ圧力の飽和蒸気の温度との比を過熱度という。

(4) xをその乾き度とすると $\frac{1}{x}$ が湿り度になる。

(5) ボイラーの保温材には，けいそう土，コルク等の熱伝導率の大きい物質を使用する。

問 13

ボイラー本体及び火炉について，誤っているものは次のうちどれか。

(1) 火炉は，燃料を燃焼し熱を発生する部分で，燃焼室ともいわれる。

(2) 燃焼室には燃焼装置が取り付けられ，燃焼装置は液体燃料，気体燃料及び微粉炭にはバーナが，一般固体燃料には火格子などが用いられる。

(3) 燃焼室は，供給された燃料を速やかに着火させ，発生する可燃ガスと空気との混合接触を良好にして，燃焼を行わせる部分である。

(4) 燃焼室に直面した伝熱面は，接触伝熱面といい，燃焼室から出た高温ガス通路に配置される伝熱面は，放射伝熱面という。

(5) 燃焼室は，加圧燃焼方式の場合は気密構造となっている。

問 12 過熱度とは，過熱蒸気の温度と飽和温度との差をいい，それらの比ではない（教本 1.1.2(3)，最短合格1.5.2 ③参照）。湿り蒸気の乾き度を x とすると，湿り度は（1－x）である（教本 1.1.2(2)，最短合格 1.5.2 ②参照）。ボイラーの保温材には，ボイラー内部の熱が外部に逃げにくいように，熱伝導率の低い材料を使用する。（教本 1.1.4(1)(a)，最短合格 1.5.1 参照）

答え (1)

問 13 燃焼室に面した伝熱面は，放射伝熱によって火炎からの熱を受けるので，放射伝熱面といわれる。高温ガス通路に設けられ，高温ガスと接触する伝熱面は，主として，熱伝達（対流熱伝達）によって熱を受けるので，接触伝熱面又は対流伝熱面といわれる。（教本 1.2.1(2)，最短合格 1.1.1 ②参照）

答え (4)

問 14

次の式は，換算蒸発量と実際蒸発量との関係を表しているが，式中の符号の組合せとして，正しいものは次のうちどれか。

$$Ge = \frac{G(h_2 - h_1)}{2{,}257}$$

	換算蒸発量	実際蒸発量	発生蒸気の比エンタルピ	給水の比エンタルピ	標準大気圧〔100℃〕における蒸発熱
(1)	Ge	G	h_1	h_2	2,257
(2)	G	Ge	2,257	h_2	h_1
(3)	Ge	G	h_1	2,257	h_2
(4)	G	Ge	2,257	h_1	h_2
(5)	Ge	G	h_2	h_1	2,257

問 15

給水温度 18℃，蒸気圧力 0.5 MPa のボイラーの実際蒸発量が 3,500 kg/h のとき，換算蒸発量として正しいものは次のうちどれか。
ただし，0.5 MPa の蒸気の比エンタルピは 2,756.1 kJ/kg とする。

(1) 6,579 kg/h　(2) 4,157 kg/h　(3) 3,500 kg/h
(4) 2,660 kg/h　(5) 1,800 kg/h

問 14 実際蒸発量から換算蒸発量又は相当蒸発量を求める式である。ここで，Ge：換算蒸発量又は相当蒸発量［kg/h］，G：実際蒸発量［kg/h］，h_2：発生蒸気の比エンタルピ［kJ/kg］，h_1：給水の比エンタルピ［kJ/kg］，2,257：標準大気圧下での蒸発熱（潜熱）［kJ/kg］（100℃の飽和水から100℃の乾き飽和蒸気に費やされる潜熱）（教本 1.2.2(1)，最短合格 1.1.2 ①参照）

答え (5)

問 15 18℃の給水の比エンタルピは $18 \times 4.187 = 75.4$ kJ/kg であるので，換算蒸発量は以下のようになる。（教本 1.2.2(1)，最短合格 1.1.2 ①参照）

$$Ge = \frac{3{,}500\,(2{,}756.1 - 75.4)}{2{,}257} = 4{,}157 \text{ kg/h}$$

答え (2)

問 16

給水温度 30℃，蒸気圧力 0.8 MPa で実際蒸発量が 5,000 kg/h で運転しているボイラーで，低発熱量 42.7 MJ/kg の A 重油を 340 kg/h 燃焼している場合，ボイラー効率として正しいものは次のうちどれか。ただし，0.8 MPa の蒸気の比エンタルピは 2,773.0 kJ/kg とし，給水の比エンタルピは 125.6 kJ/kg とする。

(1) 87.0%　　(2) 88.9%　　(3) 91.2%

(4) 92.7%　　(5) 94.0%

解説

問 16 ボイラー効率は供給熱量に対する発生蒸気の吸収熱量の割合をいい，次の式で表される。

$$\text{ボイラー効率}\ [\%] = \frac{G(h_2 - h_1)}{F \times H_l} \times 100$$

ここで，G，h_2，h_1 は問 14 に同じ。F：毎時燃料消費量［kg/h，L/h，m^3_N/h など］，H_l：燃料低発熱量［kJ/kg，kJ/L，kJ/m^3_N など］

ボイラー効率は

$$\frac{5{,}000\,(2{,}773.0 - 125.6)}{340 \times 42.7 \times 10^3} \times 100 = 91.2\ \%$$

（教本 1.2.2(2)，最短合格 1.1.2 ②参照）

答え (3)

2 丸ボイラー

問 17

水管ボイラーと比較した丸ボイラーの特徴についての記述として，誤っているものは次のうちどれか。

(1) 構造が簡単で，設備が安く，取扱いが容易である。
(2) 水部が大きいので，蒸気使用量が変動しても大きな圧力変化が生じない。
(3) たき始めてから所要圧力の蒸気が発生するまでの時間がかかる。
(4) 構造上高圧のものには適しない。
(5) 同じ蒸発量のものが破裂した場合，保有水量が少ないので被害の程度が小さい。

問 18

立てボイラー，立て煙管ボイラーについての記述として，誤っているものは次のうちどれか。

(1) 立て煙管ボイラーは伝熱面積を増すために，火室管板と胴上部管板の間に多数の煙管を設けたものである。
(2) 直立した胴のため，水面が狭いので，発生蒸気中に含まれる水分が少ない。
(3) 狭い場所に設置でき，据付けが簡単である。
(4) 内部掃除や点検に不便である。
(5) ボイラー効率が低く，小容量のものに用いられる。

問 17 (2)にあるとおり，丸ボイラーは水部が大きく，同じ蒸発量のボイラーでは保有水量が多いため，破裂した場合の被害が大きい。（教本 1.3.1，最短合格 1.2.2 参照）

答え (5)

問 18 立てボイラー，立て煙管ボイラーは胴を垂直に立てた構造のため，水面が狭いので水面の面積当たりの蒸発量が多くなり，発生蒸気にボイラー水を同伴しやすく，蒸気中の水分が多くなる。（教本 1.3.2 参照）

答え (2)

問 19

立てボイラー（横管式）の構造部分で，全体が水面より上方にあるものは次のうちどれか。

(1) 煙突管　(2) 鏡板　(3) 火室天井板
(4) 横管　(5) 胴

問 20

丸ボイラーの特徴として，誤っているものは次のうちどれか。

(1) 丸ボイラーは径の大きい胴を用い，その内部に炉筒，火室，煙管などを設けたものである。
(2) 構造が簡単であるため，圧力 10 MPa 程度までが多く製作される。
(3) 胴の大きさによって伝熱面積が制限されるので，容量の大きいものには適さない。
(4) 伝熱面の多くは，ボイラー水中に設けられている。
(5) 丸ボイラーは炉の位置によって，内だき式と外だき式に分けられる。

問 19 (1)の煙突管の下部，(5)の胴の大部分は水面の下方にあり，(3)の火室天井板，(4)の横管は，全体が水面の下方にある。胴の上部にある(2)の鏡板は，全体が水面の上方に位置している。（教本 1.3.2，図 1.4 参照）　答え (2)

問 20 丸ボイラーは，径の大きな胴の内部に炉筒，火室，煙管などを設けたものである。圧力が高くなるほど胴の板が厚くなるため，径の大きい胴を有する丸ボイラーは高圧のものを製作するのが困難となり，圧力が 1.0 MPa 以下のものがほとんどである。(2)の 10 MPa は間違いで 1.0 MPa である。（教本 1.3.1，最短合格 1.2 参照）　答え (2)

2 丸ボイラー

問 21

炉筒煙管ボイラーについての記述として，誤っているものは次のうちどれか。

(1) 炉筒煙管ボイラーは，外だき式ボイラーである。
(2) 最近の油だきボイラーでは，自動制御装置が広く採用されている。
(3) コンパクトな形状で，据付けにれんが積みを必要としないものが多い。
(4) 水管ボイラーに比べて製作も取扱いも容易である。
(5) 煙管ボイラーに比べて効率がよい。

問 22

炉筒煙管ボイラーについての記述として，誤っているものは次のうちどれか。

(1) 燃焼ガスの通路は，炉筒を含めて 3 パスとしたものがある。
(2) 加圧燃焼方式を採用し，燃焼室熱負荷を高くすることができる。
(3) 炉筒と煙管群を組み合わせたボイラーであるため，水管ボイラーに比べて一般的に製作も取扱いも困難である。
(4) 一般に伝熱面積が 20～200 m^2，蒸発量 10 t/h 程度までのものが多い。
(5) すべての組立てを製作工場で行い，パッケージ形式にしたものが多い。

問 21 外だき式ボイラーは，ボイラー本体の外部に燃焼室を設けたボイラーである（教本 1.3.4，図 1.6 参照）。炉筒煙管ボイラーは，胴内に円筒形の燃焼室すなわち炉筒を設けたもので，いわゆる内だき式ボイラーである。炉筒煙管ボイラーは，燃焼室が胴内に設けられているので，燃焼室からの放散熱量も少なく，加圧燃焼方式を採用して空気比を低くできるため，外だきの煙管ボイラーよりも効率が高い。（教本 1.3.5，最短合格 1.2.4 参照）

答え (1)

問 22 炉筒煙管ボイラーの主要部は，平滑管やスパイラル管の直管の煙管と波形炉筒及び胴であり，水管ボイラーよりも構造が比較的簡単で製作費が低く，取扱いも容易である。（教本 1.3.5，最短合格 1.2.4 参照）

答え (3)

問 23

炉筒煙管ボイラーについての記述として，正しいものは次のうちどれか。

(1) 加圧燃焼方式のボイラーは，炉内の圧力が大気圧に等しい。
(2) パッケージ形式のボイラーは，据付け現場でれんが積みを行う。
(3) 煙管にスパイラル管を採用すると，伝熱効果が悪くなる。
(4) 戻り燃焼方式のボイラーは，炉筒の両端が閉じられている。
(5) 炉筒煙管ボイラーは，他の丸ボイラーと比べて，一般に内部の清掃が困難である。

問 23 最近の炉筒煙管ボイラーは，れんが積をほとんど使用せず，工場でパッケージ化され，現地での組み立て工事をほとんど必要としない。また，スパイラル煙管を使用し，伝熱効果を高めて効率を高く保つよう工夫されている。
炉筒煙管ボイラーは，胴内に炉筒と多数の煙管が組み込まれており，胴内スペースが狭く，清掃が困難となる。（教本 1.3.5，最短合格 1.2.4 参照）　答え (5)

解説

3 水管ボイラー

問 24

構造上，超臨界圧力のボイラーとして，適しているものは次のうちどれか。

(1) 自然循環式ボイラー　(2) 強制循環ボイラー

(3) 炉筒煙管ボイラー　(4) 貫流ボイラー

(5) 炉筒ボイラー

問 25

水管ボイラーについての記述として，誤っているものは次のうちどれか。

(1) 小容量の水管ボイラーは，工場で組立てを行いパッケージ形式とし，現場に運び据え付けるのが一般的である。

(2) 貫流ボイラーは管系だけから構成され，蒸気ドラムを要しないので，高圧ボイラーに適している。

(3) 2胴ボイラーでは，燃焼ガス温度の低い部分の水管列が下降管（降水管）となるものが多い。

(4) 水管ボイラーには，強制循環式が広く用いられている。

(5) 水管ボイラーには，水ドラムを管寄せに代えた単胴形のものもある。

問 24 超臨界圧力ではボイラー水の蒸発という過程がないため，一端から給水されて予熱，過熱され，所要の蒸気が他端から取り出される貫流ボイラーが用いられる。（教本1.4.4(1)，最短合格 1.3.4 参照）

答え (4)

問 25 水管ボイラーの多くは，ボイラー水の循環に動力を必要としない自然循環式が使用される。亜臨界圧力の高圧ボイラーでは，水と蒸気の密度差が小さくなるため，強制循環ボイラーや貫流ボイラーが用いられ，超臨界圧力では貫流ボイラーが用いられる。（教本 1.4.2，1.4.3，1.4.4，最短合格 1.3.2，1.3.4 参照）

答え (4)

問 26

丸ボイラーに対する水管ボイラーの長所又は短所として，誤っているものは次のうちどれか。

(1) 高圧に適し，大容量のものが製作可能である。
(2) 伝熱面積当たりの保有水量が多いので，起動時間が長い。
(3) 給水処理及びボイラー水処理に注意を要する。
(4) 燃焼室を燃料と燃焼方式に適応した構造にすることができる。
(5) 蒸気の発生が早い反面，負荷の変動により圧力や水位が変動しやすい。

問 27

水管ボイラーの説明として，誤っているものは次のうちどれか。

(1) 構造上，高圧大容量に適している。
(2) 負荷変動により圧力や水位の変動が少ない。
(3) 水の流動方式によって分類すると自然循環式，強制循環式，貫流式の三つになる。
(4) 伝熱面積が大きくとれるので，一般に熱効率が高い。
(5) 高圧の水管ボイラーでは，厳密な水管理を行わなければならない。

問 26 水管ボイラーは丸ボイラーに比較して，伝熱面積当たりの保有水量が少ないので，起動時間は短くなるが，負荷変動による圧力や水位の変動が大きいため，きめ細かく調整する自動制御装置を必要とする。（教本 1.4.1(1)，最短合格 1.3.1 ① B 参照）

答え (2)

問 27 （［問 26］の解説参照）（教本 1.4.1(1)，最短合格 1.3.1 ① B 参照）　答え (2)

3 水管ボイラー

問 28

最近の中小容量の油だき水管ボイラーの特徴として，誤っているものは次のうちどれか。

(1) 炉壁水管を設け，放射伝熱面を多くしたものが多い。
(2) 加圧燃焼式のものが多い。
(3) 負荷変動により，圧力や水位が変動しやすい。
(4) 二胴形水管ボイラーには，直管のみが使用される。
(5) パッケージ式のものが多い。

問 29

水管ボイラーについての記述として，誤っているものは次のうちどれか。

(1) 蒸気ドラム，水ドラムと多数の細い管で構成されているので，低圧から高圧に適している。
(2) 伝熱の形態は，接触伝熱と放射伝熱によっている。
(3) 水管を増すことによって伝熱面を大きくすることができるので，大容量のものも製作できる。
(4) ボイラー水の循環方式によって，自然循環式，強制循環式，貫流式に分類される。
(5) 熱効率を上げるため，下降管（降水管）を燃焼室内に設けるものが多い。

問 28 二胴形水管ボイラーは必ず曲管を使用するが，直管と曲管を併用するものもある。（教本 1.4.2(2) 図1.11，最短合格 1.3.2 [2] 図 1.3.6 参照）

答え (4)

問 29 自然循環式水管ボイラーでは，上昇管と下降管内の気水混合物の密度差を利用してボイラー水の循環を行わせるので，下降管内のボイラー水の密度を上昇管内のボイラー水の密度より大きくする必要がある。下降管を燃焼ガス温度の高い燃焼室内に設けると，下降管内で蒸気が多く発生し下降管内の気水混合物の密度が小さくなるので，下降管は燃焼ガスの低温部又は加熱されない部分に設けることが必要である。（教本 1.1.3，最短合格 1.3.1，1.3.2 参照）

答え (5)

問 30

立て水管式ボイラーの特徴として，誤っているものは次のうちどれか。

(1) 上部水室と下部水室とがあり，蒸気ドラムがない。
(2) 水管は，直管が用いられる。
(3) 燃焼室外側の水管は，上昇管となる。
(4) 管寄せを使う場合が多い。
(5) 同一容量の炉筒煙管ボイラーに比べて，蒸気の発生が早い。

問 31

水冷壁についての記述として，誤っているものは次のうちどれか。

(1) 裸水管とは，水管を燃焼室内に露出したものである。
(2) ひれを介して管と管を溶接して板状にまとめた構造がある。
(3) 伝熱効果を調整するため，炉壁外面を水で冷却するものがある。
(4) 伝熱効果を調整するため，管に突起物を溶接し，その周囲に耐火物を取り付けたものがある。
(5) 管の長手方向両側にひれを溶接して，炉壁全面を覆うようにしたものがある。

問 30 燃焼室外側の水管は，内側の水管より受熱量が少ないので，気水混合物の密度が大きくなり下降管となる。（教本 1.4.2(1)参照）
答え (3)

問 31 水冷壁は，燃焼室からの放射熱を効果的に吸収しながら炉壁を保護するためのものであるので，炉壁外面を水で冷却するものはない。（教本 1.4.1(2)，最短合格 1.3.1 ②参照）
答え (3)

3 水管ボイラー

問 32

貫流ボイラーについての記述として，誤っているものは次のうちどれか。

(1) 長い１本又は多数の管の管系で構成され，ドラムがない。

(2) 管内で予熱，蒸発，過熱されて，ボイラー水の循環を行うことなく蒸気となって取り出される。

(3) 管だけで構成されているため，高圧用には適しない。

(4) 伝熱面積当たりの保有水量が少ないので，送気が早くできる。

(5) 負荷の変動によって圧力変動を生じやすいので，応答の速い自動制御装置を必要とする。

問 33

特殊ボイラーについての記述として，誤っているものは次のうちどれか。

(1) ソーダ回収ボイラーは，パルプ工場から出る黒液を燃焼させて液中のナトリウム塩や硫黄を回収するとともに，燃焼熱を利用して蒸気発生を行うボイラーである。

(2) 熱媒ボイラーには，圧力に対し飽和温度の高い有機熱媒を使用先での熱源として利用するものがある。

(3) 廃熱ボイラーは，廃ガスが高温であるため強制循環式だけが作られている。

(4) 廃熱ボイラーは，廃ガスに多量のダストや腐食性ガスを含むものが多いので，それぞれの場合に応じてガス流速，伝熱面の配置などに特別の注意が払われている。

(5) 特殊燃料ボイラーには，バガス，バークなどを燃料とするものがある。

問 32 貫流ボイラーは管系だけで構成され，径の大きなドラムを必要としないので，高圧ボイラーに適している。(教本 1.4.4，最短合格 1.3.4 参照)

答え (3)

問 33 廃熱ボイラーは，自然循環式や強制循環式のものがある。(教本 1.6.1 参照)

答え (3)

4 鋳鉄製ボイラー

問 34

鋳鉄製ボイラーの特徴として，誤っているものは次のうちどれか。

(1) 鋳鉄製ボイラーは，暖房用ボイラーとして使用される。

(2) 鋳鉄製温水ボイラーでは，圧力の過大上昇を防止するため，逃がし管又は逃がし弁を必要とする。

(3) 鋳鉄製のため，鋼製ボイラーに比べて腐食しやすい。

(4) 内部掃除や検査が困難である。

(5) 熱による不同膨張により割れを生じやすい。

問 35

鋳鉄製ボイラーの特徴として，誤っているものは次のうちどれか。

(1) 主として，低圧蒸気発生用又は温水ボイラーに用いられる。

(2) ドライボトム形は，底部がれんが積みで構成されているので，ガスが外部に漏れやすく加圧燃焼方式にすることは困難である。

(3) ウェットボトム形は底部にもボイラー水を循環させ，伝熱面積を増加させている。

(4) セクションは上部に水部連絡口，下部左右に蒸気連絡口をそれぞれ備えている。

(5) 膨張タンクに連絡した逃がし管には，いかなる弁も取り付けてはならない。

問 34 鋳鉄は炭素鋼に比べて腐食しにくいがもろいので，高圧ボイラーには用いられない。（教本 1.5，最短合格 1.4.4 参照） 答え (3)

問 35 鋳鉄製蒸気ボイラーでは，各セクションの連絡として上部に蒸気連絡口，下部左右に水部連絡口が設けられる。（教本 1.5，最短合格 1.4.3 参照） 答え (4)

4 鋳鉄製ボイラー

問 36

鋳鉄製ボイラーについての説明として，正しいものは次のうちどれか。

(1) セクションの配列方式は，左右組合せ式が一般的である。
(2) セクションの数は，一般に 20 以上とするのが普通である。
(3) 各セクションは，水面の位置でニップルにより結合されている。
(4) 鋳鉄製であるから強度が弱く，高圧や大容量のボイラーに適さない。
(5) 鋳鉄製ボイラーは，ウェットボトム形と比較してドライボトム形の構造の方が，ボイラー効率を高めることができる。

問 37

「鋳鉄製蒸気ボイラーの各セクションは，上部に[A]連絡口，下部左右に[B]連絡口をそれぞれに備えており，この穴の部分にこう配をつけたニップルをはめて結合されている。」
上文中の[　]内に入れる A，B の用語の組合せとして，正しいものは次のうちどれか。

	A	B
(1)	蒸気部	水部
(2)	蒸気部	煙道ガス部
(3)	煙道ガス部	水部
(4)	煙道ガス部	蒸気部
(5)	水部	蒸気部

問 36 鋳鉄は炭素鋼に比較して腐食には強いが強度が弱く，高圧及び大容量には適さない。（教本 1.5，最短合格 1.4.4 参照）

答え (4)

問 37 鋳鉄製ボイラーの各セクションは上部に蒸気部連絡口，下部左右に水部連絡口をそれぞれ備えており，この部分にこう配のついたニップルをはめて結合している。（教本 1.5，最短合格 1.4.2 参照）

答え (1)

問 38

ハートフォード式連結法による配管の記述として，誤っているものは次のうちどれか。

(1) 暖房用蒸気ボイラーでは，原則として復水を循環再使用するため，返り管を備えている。
(2) 温水式暖房返り管に用いられる。
(3) ハートフォード式連結法による配管は，低水位事故を防止するために設けられる。
(4) 蒸気暖房返り管の取り付けには，ハートフォード式連結法が用いられる。
(5) 給水水管（補給水管）は，ハートフォード式連結法の返り管に取り付けられる。

問 39

ハートフォード式連結法による配管についての記述として，正しいものは次のうちどれか。

(1) 温水暖房返り管に用いられる。
(2) 循環式水管ボイラーの返り管に用いられる。
(3) 温水用貫流ボイラーの給水配管に用いられる。
(4) 蒸気暖房返り管に用いられる。
(5) 温水水管ボイラーの給水配管に用いられる。

I

問 38 ハートフォード式連結法は，蒸気暖房用の返り管に用いられるもので，蒸気が放熱した水（復水）の配管に漏れが生じた場合，ボイラー水が逆流して低水位となるのを防ぐためにある。（教本 1.5，最短合格 1.4.5 参照）

答え (2)

問 39 蒸気暖房返り管では，万一，暖房配管が空の状態になったときでも，ボイラーの安全低水面までボイラー水が残るようにハートフォード式連結法が用いられる。（教本 1.5，最短合格 1.4.5 参照）

答え (4)

解説

5 ボイラー各部の構造と強さ

問 40

ボイラーの胴やドラムを円筒形にする理由として，最も適切なものは次のうちどれか。

(1) 工作が容易である。
(2) 鏡板の取付けが容易である。
(3) 強度上有利である。
(4) 他の形よりも保有水量が大である。
(5) 炉筒や煙管の取付けに有利である。

問 41

胴及びドラムの強度についての記述として，誤っているものは次のうちどれか。

(1) 胴及びドラムには，内部の圧力によって周方向及び軸方向に引張応力が生じる。
(2) 胴又はドラムの継手には，長手方向及び周方向の 2 種類がある。
(3) 胴の長手継手の強さは，胴の周継手に求められる強さの 2 倍以上必要である。
(4) 周方向の応力は，軸方向の応力の 1/2 倍となる。
(5) 胴又はドラムの板の厚さは，周方向及び軸方向の応力のいずれにも耐えられる厚さでなければならない。

問 40 円筒形となっているのは，同種，同厚の材料において他の形状よりも大きな強度を得ることができるからである。（教本 1.7.1，最短合格 1.6.1 ①参照）　答え (3)

問 41 周方向の応力は，長手継手にかかる応力で，軸方向の応力の 2 倍となる。したがって，長手継手には周継手の 2 倍以上の強度を持たせなければならない。（教本 1.7.1，最短合格 1.6.1 ③参照）　答え (4)

問42

次の式は，胴の周方向の応力を表す式である。それぞれの記号のもつ意味として，正しい組合せは次のうちどれか。

$$\sigma_\theta = \frac{PD_i}{2t}$$

	内圧	胴の内径	引張応力	板の厚さ
(1)	σ_θ	P	D_i	t
(2)	σ_θ	t	P	D_i
(3)	P	D_i	σ_θ	t
(4)	D_i	σ_θ	t	P
(5)	P	t	σ_θ	D_i

問43

ボイラーの鏡板についての説明として，誤っているものは次のうちどれか。

(1) 鏡板の中で最も強度があるのは，全半球形鏡板である。
(2) 皿形鏡板は，半だ円体形鏡板より弱い。
(3) 水管ボイラーのドラムの鏡板には普通，皿形鏡板又は半だ円体形鏡板が用いられる。
(4) 鏡板の周継手の強さは，胴の長手継手の2倍とする必要がある。
(5) 平鏡板は，内部の圧力によって曲げ応力を生じる。

問42 胴の周方向の応力は，胴の長手方向断面にかかる力を両側の板厚で受ける。長手方向断面にかかる力は $D_i \times L \times P$，力を受ける断面は $2 \times t \times L$ であるので，設問の式となる（L とは胴の長さ）。（教本 1.7.1，最短合格 1.6.1 ③参照）

答え (3)

問43 周方向の応力は軸方向の応力の2倍となる。すなわち，鏡板の周継手には胴の軸方向の応力がかかるので，胴の周方向の応力がかかる長手継手の強度の 1/2 以上でよい。（教本 1.7.1，1.7.2，最短合格 1.6.1 ③参照）

答え (4)

5 ボイラー各部の構造と強さ

問 44

鏡板の種類の強度の大きいものから順に並べた配列として，正しいものは次のうちどれか。ただし，材料，直径及び板厚は同じとする。

(1)	全半球形	皿形	半だ円体形	平形
(2)	半だ円体形	平形	全半球形	皿形
(3)	半だ円体形	全半球形	皿形	平形
(4)	全半球形	半だ円体形	皿形	平形
(5)	皿形	全半球形	半だ円体形	平形

問 45

平形炉筒についての説明として，正しいものは次のうちどれか。

(1) 長さが長いほど強度を増す。
(2) 径が大きいほど強度を増す。
(3) 平形炉筒は，波形炉筒より外圧に対して強い。
(4) 長手継手は，一般に重ね継手を用いる。
(5) 平形の炉筒と炉筒の接合部には，伸縮継手を用いることが多い。

問 44 同一板厚の鏡板であって，形状による強度の大きさを示したものである。（教本 1.7.2，最短合格 1.6.2 [1] A 参照）

答え (4)

問 45 炉筒は，燃焼ガスによって加熱され長手方向に膨張しようとするが，平形炉筒はこの膨張を吸収することができないので，伸縮継手を必要とする。（教本 1.7.3(1)，最短合格 1.6.3 [1]参照）

答え (5)

問 46

波形炉筒についての説明として，誤っているものは次のうちどれか。

(1) 熱による伸縮を自由にすることができる。

(2) 鏡板取付け部の穴径及び全長が等しい平形炉筒と比較すると，波形炉筒の伝熱面積は大きい。

(3) 炉筒煙管ボイラーに用いられる。

(4) 平形炉筒と比較すると，外圧に対する強度が小さい。

(5) 波形にはモリソン形，フォックス形などがある。

問 47

図のようなステーの名称は，次のうちどれか。

(1) 斜めステー

(2) ガセットステー

(3) 管ステー

(4) 長手ステー

(5) 棒ステー

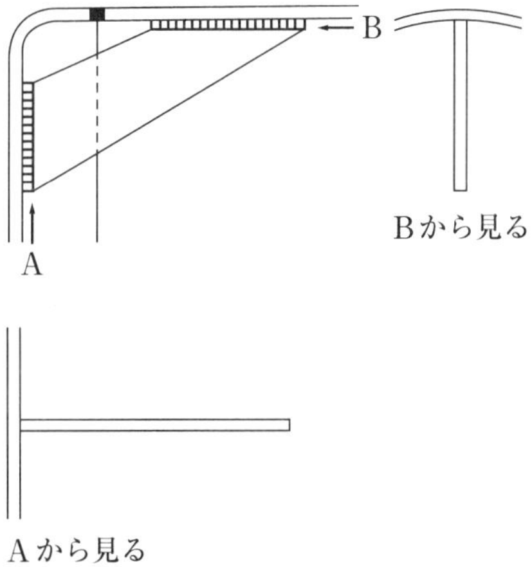

問 46 選択肢(1), (2), (3)は波形炉筒の長所である。(5)は波形炉筒の形状である。波形炉筒は，平形炉筒より外圧に対し強度が強い。（教本 1.7.3(1)，最短合格 1.6.3 1参照）

答え (4)

問 47 図は，胴と鏡板に取り付けられるガセットステーである。（教本 1.7.4(2)，最短合格 1.6.4 参照）

答え (2)

5 ボイラー各部の構造と強さ

問 48

ステーの説明として，誤っているものは次のうちどれか。

(1) ステーは，平鏡板や管板などの強度の不足を補うために用いられる。
(2) 管ステーは，煙管群内に配置され前後の管板を結びつけて支え，また，煙管の役目もする。
(3) 棒ステーは，鋼製の棒で前後の鏡板又は管板を結びつけて支える。
(4) ガセットステーは，煙管ボイラーや炉筒煙管ボイラーに広く用いられている。
(5) ガセットステーは，平板を用いて前後の鏡板や管板間を結びつけて支える。

問 49

ボイラーの胴に，だ円形のマンホールを設ける場合，長径を周方向に向ける理由として，正しいものは次のうちどれか。

(1) ボイラーを製作するとき作りやすい。
(2) 胴板に生じる引張応力は，軸方向より周方向の方が大きい。
(3) ふた板を締め付けるのに都合がよい。
(4) 整備に際して人が入りやすい。
(5) 蒸気の圧力で，ふたのガスケットが形くずれしない。

問 48 ガセットステーは，平板を用いて鏡板を胴で支えるステーである。(教本 1.7.4(2)，最短合格 1.6.4 参照)

答え (5)

問 49 だ円形のマンホールを胴に設ける場合は，周方向の応力が軸方向の応力の 2 倍となるので，短径を軸方向に，長径を周方向に配置する。(教本 1.7.5，最短合格 1.6.5 [1] 参照)

答え (2)

問 50

水管についての記述のうち，誤っているものは次のうちどれか。

(1) 管の外部が燃焼ガスに接触し，内部に水が流れているものをいう。
(2) 水管には，直管のものや曲管のものがある。
(3) 内部の水の流動方向により，下降管（降水管）と上昇管（蒸発管）に区別される。
(4) 一般に，外径 90〜150 mm のものが用いられる。
(5) 貫流ボイラーには，水管が用いられる。

問 51

水管及び煙管についての記述として，誤っているものは次のうちどれか。

(1) 炉壁水管には，すべて裸水管が用いられている。
(2) 伝熱管の水管には，内部の水の流動方向により下降管と上昇管がある。
(3) 立て煙管ボイラーの煙管は，垂直に設けられる。
(4) 炉筒煙管ボイラーの煙管には，スパイラル管が多く使用されている。
(5) スパイラル煙管は，伝熱効果が大きい。

問 50 水管には小径の管が用いられ，通常，外径 38.1 mm〜76.2 mm のものが用いられる。(教本 1.7.7(2)参照)
答え (4)

問 51 (1)については教本 1.4.1(2)参照。炉壁水管(水冷壁管)は裸水管とは限らない。(2)については教本 1.1.3 参照。(3)については教本 1.3.2，図 1.5 参照。(4)(5)については教本 1.7.7(1)参照。
答え (1)

5 ボイラー各部の構造と強さ

問52

煙管ボイラーの管ステーの縁曲げをする理由として，最も適切なものは次のうちどれか。

(1) 熱ガスを通りやすくするため
(2) 焼損を防ぐため
(3) 水漏れを防ぐため
(4) 排ガスの流体抵抗を少なくするため
(5) ころ広げ（エキスパンダ）を強化するため

問53

ボイラー各部の構造などに関する次の記述のうち，誤っているものはどれか。

(1) 胴を円筒形にするのは，同種，同厚の材料において他の形のものより大きな強度を得ることができるからである。
(2) 胴の継手は，周継手より長手継手の強度を大きくしなければならない。
(3) ガセットステーは，平板によって鏡板を胴で支える場合に使用される。
(4) ボイラーに使用される管類は，その用途により伝熱管と給水管・蒸気管などの配管に分けられる。
(5) 水管内部の水は，すべて上向きに流れている。

問52 教本 1.3.4 図 1.6 の外だき煙管ボイラーのように，火炎を受ける後管板や教本 1.3.5 図 1.7 に示す炉筒煙管ボイラーのように，炉筒からの高温ガスを直接受ける後管板の管ステー取付け部は，縁曲げして焼損を防ぐようにする。（教本 1.7.4(1)，最短合格 1.6.4 1 参照）

答え (2)

問53 水管ボイラーの水管には，水と気泡の混合体が上昇する管と水が下降する管とがある。（教本 1.1.3，最短合格 1.3.2 参照）

答え (5)

6 ボイラーに使用する計測器

問54

平形反射式水面計で見える色の組合せとして，正しいものは次のうちどれか。

	水部	蒸気部
(1)	黒	赤
(2)	赤	白
(3)	白	無色
(4)	緑	赤
(5)	黒	白

問55

水面測定装置に関係のない用語は，次のうちどれか。

(1) 二色式
(2) 平形透視式
(3) ブルドン管式
(4) 平形反射式
(5) 験水コック

問54 平形反射式水面計はガラスの裏面に三角形の溝を入れ，表面から見ると水部は黒色に見え，蒸気部は白色に光って見えるようにしてある。(教本 1.8.1(2)(a)，最短合格 1.7.1 [2] D 参照)

答え (5)

問55 ブルドン管は,扁平な管を円弧状に曲げたもので,圧力計に使用される。(教本 1.8.1(1)(b)，最短合格 1.7.1 [1] A 参照)

答え (3)

6 ボイラーに使用する計測器

問 56

験水コックについての説明として，誤っているものは次のうちどれか。

(1) 水柱管にコックを取り付け，これらのコックを開閉することによって水位を知るようにしたものである。

(2) コックは，ガラス水面計のガラス管取り付け位置と同等の高さの範囲に取り付けてある。

(3) ガラス水面計の水位が見えなくなったとき，験水コックを開いて確認する。

(4) ガラス水面計の代わりに，1個の験水コックを取り付ける。

(5) 正常にボイラーを運転しているとき，最下部のコックを開くとボイラー水が出る。

問 57

水面計の記述として，誤っているものは次のうちどれか。

(1) 貫流ボイラーを除く蒸気ボイラーには，原則として水面計は，2個以上取り付ける。

(2) 水面計の最下部は，安全低水面と同じ高さとする。

(3) 裏側から電灯で照らし，水面をはっきり表示するものがある。

(4) 水面計は，必ずボイラー本体又は蒸気ドラムに取り付けなければならない。

(5) 二色水面計では，蒸気部が赤色に見える。

問 56 験水コックは，ガラス水面計のガラスの見えるところに，原則として3個以上取り付けなければならない。(教本 1.8.1(2)(c)，最短合格 1.7.1 ② E 参照)

答え (4)

問 57 水面計は，直接ボイラー本体又は蒸気ドラムに取り付けるか，あるいは水柱管を設けこれに取り付ける。(教本 1.8.1(2)(a)(ii)，最短合格 1.7.1 ② C 参照)

答え (4)

問 58

流量計についての説明として，誤っているものは次のうちどれか。

(1) 流量計は水の供給量，油の消費量などを知るためのものである。
(2) 差圧式流量計には，ブルドン管が用いられる。
(3) 積算式は，流量をある時間まとめて指示するものである。
(4) 流量計には，その瞬間の流量を指示するものもある。
(5) 容積式とは，だ円形歯車の回転数によって流量を知るものである。

問 59

圧力計についての記述として，誤っているものは次のうちどれか。

(1) ブルドン管の断面は，円形である。
(2) サイホン管には，水を入れて蒸気による加熱を防ぐ。
(3) ブルドン管の伸縮によって針が動く。
(4) 圧力計のコックは，ハンドルが管軸と同一方向になったとき開くようにする。
(5) ブルドン管内に圧力が加わると，管は広がろうとする。

問 58 差圧式流量計は，流体が流れている管の中にベンチュリ管やオリフィスなどの絞りを挿入し，その前後の圧力を検出して，その圧力差（差圧）によって流量を測定するものである。(教本 1.8.1(3)(a)，最短合格 1.7.1 3参照)

答え (2)

問 59 ブルドン管は，円形でなく扁平な管を円弧上に曲げたものである。(教本 1.8.1(1)(b)，最短合格 1.7.1 1 A 参照)

答え (1)

6 ボイラーに使用する計測器

問 60

「ブルドン管内に直接蒸気が入ると誤差が生じやすくなるので，□には水が満たされていなければならない。」
圧力計の取扱いについての上文中の□内に入れる用語として，正しいものは次のうちどれか。

(1) サイホン管
(2) ブルドン管
(3) ベンチュリ管
(4) 水柱管
(5) 通水管

問 61

U 字ガラス管式通風計の読み方（次図の矢印の長さ）として，正しいものは次のうちどれか。

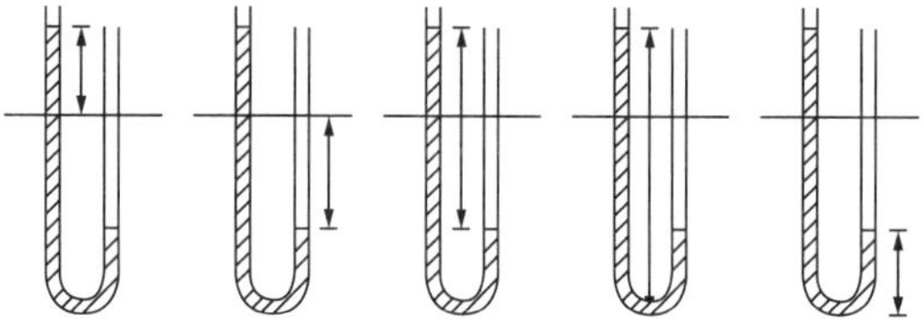

(1)　(2)　(3)　(4)　(5)

問 60 ブルドン管に直接蒸気が入ると，管が熱せられて誤差が生じるおそれがあるので，サイホン管などを胴と圧力計の間に設けて，その中に水を入れておく。(教本 1.8.1(1)(a)，最短合格 1.7.1 [1] B 参照)

答え (1)

問 61 U 字ガラス管は，ダクトなどの圧力（通風力）を他の箇所の圧力（大気の場合もある）との差を見るためであるので，管内の水などの高さの差を見る(3)が正しい。(教本 1.8.1(4)，最短合格 1.7.1 [4]参照)

答え (3)

7 安全装置

問 62

最高使用圧力 0.7 MPa のボイラーの安全弁の直径（*d*）が 5 cm であるとき，この弁に作用する力は次のうちどれか。ただし，弁の面積（*A*）は直径と次の関係がある。 $A = 0.785 \times d^2$

(1) 750 N　(2) 980 N　(3) 1,370 N
(4) 2,530 N　(5) 3,940 N

問 63

蒸気ボイラー用安全装置として，多く用いられているものは次のうちどれか。

(1) 水面計　(2) 逃がし弁　(3) 圧力計
(4) 逃がし管　(5) ばね安全弁

問 64

ボイラーに安全弁を取り付ける目的として，正しいものは次のうちどれか。

(1) ボイラー排ガスの膨張による煙道の破裂を防止するため
(2) ボイラー内部の圧力が，一定限度以上に上昇するのを機械的に防止するため
(3) ボイラーの過熱焼損を防止するため
(4) 天災，地震などによる事故防止のため
(5) 内だき式ボイラーの減水による事故防止のため

解説

問 62 弁の面積は $0.785 \times 5^2 \fallingdotseq 19.63\ \mathrm{cm^2} = 19.63 \times 10^{-4}\ \mathrm{m^2}$ で，圧力 0.7 MPaは $0.7 \times 10^6\ \mathrm{N/m^2}$ であるので，弁に作用する力は圧力 $19.63 \times 10^{-4}\mathrm{m^2} \times 0.7 \times 10^6\ \mathrm{N/m^2} \fallingdotseq 1{,}370\ \mathrm{N}$ となる。（教本 1.1.1(1)(b)，最短合格 1.5.1 ① B 参照）　答え (3)

問 63 (1)(3)は計測器であり，(2)(4)は温水ボイラーの安全装置である。したがって，(5)が正解。（教本 1.8.1(1)(2)，1.8.2(1)及び 1.8.6(3)(4)，最短合格 1.7.2 ①参照）　答え (5)

問 64 安全弁は，ボイラー内の圧力が一定限度になると，ばねで弁座に押し付けられている弁体が内部の圧力によって押し上げられ，蒸気が外部に吹出してボイラーの圧力が異常上昇するのを防ぐ。（教本 1.8.2(1)，最短合格 1.7.2 ① A 参照）　答え (2)

7 安全装置

問 65

安全弁についての説明として，誤っているものは次のうちどれか。

(1) ばね安全弁は，ばねを締め，弁体を弁座に押し付けて気密を保つ構造となっている。

(2) ばね安全弁では，ボイラーの圧力が上昇して弁体が弁座から離れると，蒸気が吹き出す。

(3) ばね安全弁には，全量式と揚程式がある。

(4) ばね安全弁は，高圧大容量のボイラーにも適する。

(5) 全量式安全弁は，弁座流路面積が下方にあるのど部の面積より少ない。

問 66

鋳鉄製温水ボイラーの安全装置についての説明として，誤っているものは次のうちどれか。

(1) 鋳鉄製ボイラーの安全装置には，逃がし管又は逃がし弁がある。

(2) 逃がし管は，高所に設けられた膨張タンクに連結される。

(3) 逃がし管は，温水ボイラーの膨張した水を逃がすためのものである。

(4) ボイラー使用中，逃がし管にはボイラー水を減少させないように，バルブ又はコックでこれを閉めておかなければならない。

(5) 逃がし弁は，水の膨張による圧力上昇によって弁を押し上げ，水を逃がすものである。

問 65 揚程式安全弁は，弁座流路面積（弁体と弁座の間の蒸気の通路面積）が下部にあるのど部の面積よりも小さく，全量式安全弁は弁座流路面積がのど部の面積よりも十分大きくなるように，弁体のリフトが大きいもの。（教本 1.8.2(1)，最短合格 1.7.2 ① C 参照）

答え (5)

問 66 逃がし管には，途中に弁やコックを設けてはならない。ボイラー水が減少する場合は，補給水を増してボイラー水位を維持する。（教本 1.8.6(3)(4)，最短合格 1.7.6 ① 参照）

答え (4)

8 送気系統装置

問 67

各種の蒸気弁についての説明として，誤っているものは次のうちどれか。

(1) アングル弁は，流体の入口と出口での流れの方向が直角になっているものである。

(2) 玉形弁は，流体の入口と出口が一直線にあり，弁内で流れがS字状になって流れるものである。

(3) 主蒸気弁としては，玉形弁又はアングル弁が用いられ，仕切弁は用いられない。

(4) 逆止め弁は，逆流防止のために用いられる。

(5) 逆止め弁は，2基以上のボイラーが蒸気出口で同一管系に連絡している場合に用いられる。

問 68

気水分離器（沸水防止管等）を設ける目的として，最も適切なものは次のうちどれか。

(1) 水滴の混入しない蒸気を取り出すため

(2) 蒸気圧力の急激な低下を防止するため

(3) 蒸気を水面の一定の所から取るため

(4) キャリオーバによる湿り蒸気を取り出すため

(5) ボイラー内への給水を一定に保つため

I

解説

問 67 主蒸気弁にはアングル弁，玉形弁又は仕切弁が使用されるが，アングル弁及び玉形弁は流れの向きが弁箱内で変わるため，圧力損失が大きい。仕切弁は，直線的に流れるので圧力損失が非常に少なく，高圧，大形のボイラーに使用される。（教本 1.8.3(2)，最短合格 1.7.3 [2]参照）

答え (3)

問 68 胴又はドラムから直接蒸気を取り出す際に蒸気中に水滴が混入するので，蒸気と水滴を分離するために，胴又はドラム内に気水分離器が設けられる。（教本 1.8.3(3)，最短合格 1.7.3 [3]参照）

答え (1)

8 送気系統装置

問 69

蒸気管の伸縮継手についての説明のうち，誤っているものは次のうちどれか。

(1) 湾曲形，U 字形，ベローズ形などがある。
(2) 配管に，温度の変化による伸縮を自由にするために設けられる。
(3) 配管の長さが短いときには，設けられないことがある。
(4) 直管形が広く用いられる。
(5) すべり形は内管と外管からなっており，伸縮が生じると内管が外管に対してスライドするようになっている。

問 70

蒸気トラップ（スチームトラップ）を設ける最も適切な理由は，次のうちどれか。

(1) プライミングを防止する。
(2) 蒸気使用設備の中にたまったドレンを自動的に排出する。
(3) 蒸気の流れをよくして流量を増す。
(4) 蒸気管中の蒸気をドレンにする。
(5) 湿った蒸気を乾いた蒸気にする。

問 69 配管の伸縮継手は，内部流体による温度変化に対しての伸縮を吸収するためのものである。直管形という伸縮継手はない。（教本 1.8.3(1)，最短合格 1.7.3 ①参照）

答え (4)

問 70 蒸気は，仕事をしたり放熱したりして熱を失うと凝結してドレンとなり，蒸気使用設備や管内に溜まる。蒸気を逃さず，このドレンのみを自動的に排出するものが蒸気（スチーム）トラップである。（教本 1.8.3(4)，最短合格 1.7.3 ④参照）　答え (2)

問71

蒸気トラップ（スチームトラップ）の形式として，誤っているものは次のうちどれか。

(1) 下向きバケット式
(2) フラッパ式
(3) フロート式
(4) ベローズ式
(5) バイメタル式

問72

減圧装置についての説明として，誤っているものは次のうちどれか。

(1) 発生蒸気の圧力と使用箇所での蒸気圧の差が大きいときに使用する。
(2) 使用箇所での蒸気圧を一定に保ちたいときに用いられる。
(3) 蒸気流量を一定に保ちたいときに用いられる。
(4) 一般に，減圧弁が用いられる。
(5) 減圧弁を使用すると，1次側の圧力及び流量のいかんにかかわらず，2次側の圧力がほぼ一定に保たれる。

問71 蒸気トラップは3種に大別される。①メカニカル型のバケット式，フロート式，②サーモスタティック型のベローズ式，バイメタル式，③サーモダイナミック型のディスク式，インパルス式，オリフィス式などがあるが，フラッパ式というトラップはない。（教本1.8.3(4)，最短合格1.7.3 4参照）

答え (2)

問72 減圧装置は，発生蒸気の圧力（1次側圧力）と使用先の圧力（2次側圧力）の差が多いとき又は2次圧力を一定に保ちたいときに用いられる。減圧装置をオリフィスなどの固定式の絞り装置ではなく減圧弁とすると，流量や1次側の圧力が変動しても2次側の圧力はほぼ一定に保たれる。（教本1.8.3(5)，最短合格1.7.3 5参照）

答え (3)

9 給水装置及び吹出し装置

問 73

給水装置についての説明として，正しいものは次のうちどれか。

(1) 給水内管は，給水が胴内の広い範囲に分散されるように，安全低水面の少し上に設置する。

(2) 給水弁は，給水逆止め弁とボイラーの間に設ける。

(3) インゼクタは，圧力の低いボイラーには使用できない。

(4) 渦巻ポンプは，一般に高圧用に使用される。

(5) ディフューザポンプは，渦巻室で水の速度を増して吐き出す。

問 74

ディフューザポンプについての説明として，誤っているものは次のうちどれか。

(1) 羽根車の周辺の案内羽根によって水の速度を圧力に変える。

(2) 羽根車から水が案内羽根に入って圧力が増加する。

(3) 羽根車の段数を増すことによって圧力を上げることができる。

(4) 高圧ボイラーには，多段ディフューザポンプが用いられる。

(5) 水は吸込口から吸入され，案内羽根から羽根車に入り，吐き出される。

問 73 ボイラー入口に取り付ける弁には，給水弁と給水逆止め弁があるが，給水逆止め弁は給水弁入口側に取り付ける。（教本 1.8.4(5)，最短合格 1.7.4 ③参照） 答え (2)

問 74 遠心ポンプで案内羽根を有するものをディフューザポンプといい，水は吸込口から吸入され，羽根車から案内羽根に入り，そこで圧力エネルギーに変換されて渦巻室に入り，吐き出される。（教本 1.8.4(1)(a)，最短合格 1.7.4 ①参照） 答え (5)

問 75

給水装置についての説明として，正しいものは次のうちどれか。

(1) 逆止め弁は，水や蒸気の逆流を防ぐための弁であって，給水管のほかボイラーの吹出し管にも必ず設けられている。

(2) 給水管に給水弁と逆止め弁を取り付ける場合，ボイラーに近い方に給水弁を取り付ける。

(3) 給水内管は，ボイラー胴内の１箇所に集中して送り込むものである。

(4) 給水内管は，標準水面の高さに必ず取り付ける。

(5) 給水内管からの水は，小数の大きな穴から吹き出させる。

問 76

吹出し装置を設ける目的として，最も適切なのは次のうちどれか。

(1) 不純物，沈殿物などを排出して，ボイラー水の濃度を低く保つ。

(2) ボイラーの内部を点検するため

(3) ボイラー水の循環をよくするため

(4) 蒸気圧力を低下させるため

(5) 高水位の際に水位を下げるため

問 75 給水弁，給水逆止め弁は水の流れから，給水逆止め弁，給水弁，ボイラーの順に配する。給水内管は，胴又はドラム内に一様に給水を分布させるためのもので，長い管に小径の多数の穴を設けたものである。給水内管は，安全低水面よりやや下方に取り付けられる。（教本 1.8.4(5)(6)，最短合格 1.7.4 ③参照）　　答え (2)

問 76 ボイラーに供給される給水には，水に溶解した溶解性固形物や懸濁物等の不純物が含まれ，高圧下でのシリカを除いて，発生蒸気にこれらの不純物は溶解されないので，ボイラー水の蒸発とともに不純物が濃縮される。したがって，濃縮されたボイラー水の一部を，定期的に又は連続的に排出して不純物濃度を一定以下に管理する必要がある。この排出装置を吹出し装置という。（教本 1.8.5，最短合格 1.7.5 参照）　　答え (1)

9 給水装置及び吹出し装置

問 77

連続吹出し装置に関する次の記述のうち，誤っているものは次のうちどれか。

(1) 連続運転するボイラーには，ボイラー水の濃度を一定に保つように調節弁によって吹出し量を加減し，少量ずつ吹出す連続吹出し装置が用いられる。
(2) 連続吹出し装置を採用すると，ボイラー水の濃度はほぼ一定に保たれる。
(3) 作動させるときはボイラーを止め，吹出しを連続的に行う。
(4) ボイラー水を少量ずつ連続的に吹出しする。
(5) 吹き出した水の熱回収を図ることは，一般に多くのボイラーに用いられる。

問 78

温水ボイラーの膨張タンクと温水循環装置に関する次の記述のうち，誤っているものは次のどれか。

(1) 温水ボイラーの膨張タンクは，開放形と密閉形がある。
(2) 密閉形膨張タンクを備えた温水ボイラーには，逃がし管を備えなければならない。
(3) 温水循環ポンプは，ボイラーで発生した温水を放熱器に送るための，または放熱した後の温水をボイラーに戻すためのポンプである。
(4) 凝縮水給水ポンプは，重力還水方式の蒸気用暖房ボイラーに用いられる。
(5) 真空給水ポンプは，受水槽内を－13～－27 kPa の真空にして，返り管中の凝縮水を受水槽に吸引するとともに，ボイラーへ給水する。

問 77 連続吹出しは，運転中に少量のボイラー水を連続的に吹き出すことである。連続吹出しでは，吹出し（ブロー）水が連続的に排出されるので，吹出し水の熱回収が容易に行える。（教本 1.8.5(2)，最短合格 1.7.5 ②参照）　**答え (3)**

問 78 温水ボイラーを用いた温水暖房システムでは，系内の温水の膨張による体積増加は圧力上昇では抑えられないので，体積増加を吸収する膨張タンクが必要となる。膨張タンクには，開放形と密閉形がある。膨張水を開放形膨張タンクに逃がすことにより，ボイラーには膨張タンクの水面以上の圧力はかからない。一方，密閉形膨張タンクでは，膨張水をタンクに逃がしても，系内の圧力が上昇するので，ボイラーに逃がし弁又は安全弁を設ける必要がある。（教本 1.5，図1.20，最短合格 1.4.6 参照）　**答え (2)**

10 附属品及び附属装置

問79

エコノマイザの説明として，正しいものは次のうちどれか。

(1) 煙道で給水を予熱するものである。
(2) 煙道で蒸気を加熱するものである。
(3) 蒸気を利用して給水を予熱するものである。
(4) 石炭節約を目的とする燃焼装置である。
(5) 燃焼室に空気を吹き込み完全燃焼させ，燃料を節約するものである。

問80

エコノマイザを用いた場合の影響について，誤っているものは次のうちどれか。

(1) 通風損失が多少増加する。
(2) 燃焼用空気温度が上昇する。
(3) 燃料性状によっては，低温腐食を起こすことがある。
(4) ボイラーへの給水温度が上昇する。
(5) 熱効率を高め，燃料の節約となる。

問79 エコノマイザは，ボイラー排ガスの持つ熱で給水を予熱し排ガス温度を下げるものである。したがって，エコノマイザを設けることにより，ボイラー効率は上昇する。（教本 1.8.7(2)，最短合格 1.7.7 [2]参照）
答え (1)

問80 ボイラーの排ガスによって燃焼用空気温度を上昇させるのは，空気予熱器である。（教本 1.8.7(2)(3)，最短合格 1.7.7 [2]，[3]参照）
答え (2)

10 附属品及び附属装置

問 81

「エコノマイザは[A]の排ガスを利用して[B]を予熱し，[C]の節約を図るものである。」
上文中の[ ]内に入れるA，B及びCの語句の組合せとして，正しいものは次のうちどれか。

	A	B	C
(1)	煙道	空気	燃料
(2)	風道	空気	燃料
(3)	煙道	給水	一次空気
(4)	風道	一次空気	燃料
(5)	煙道	給水	燃料

問 82

過熱器についての説明のうち，誤っているものは次のうちどれか。

(1) 蒸気原動機用のボイラーには，一般に過熱器が設けられる。
(2) 熱ガスの流れから見ると，過熱器はエコノマイザより上流側に設けられる。
(3) 過熱器を設置すると，燃焼ガスの通風損失は増加する。
(4) 過熱器により給水を加熱し，溶解固形物を除去して，ボイラー胴などの腐食を防止する。
(5) 同じ圧力の飽和蒸気に比べ，保有熱量の多い蒸気が得られる。

問 81 エコノマイザは，ボイラー排ガスで給水を予熱するので，排ガス温度が下がり，ボイラー効率が上昇し燃料消費量が減少する。給水の温度がボイラー水の温度より低いため，エコノマイザは排ガス温度が比較的低いボイラー出口煙道に設けられる。（教本 1.8.7(2)，最短合格 1.7.7 [2]参照）
答え (5)

問 82 過熱器は，飽和蒸気を加熱して蒸気の保有熱を高め，蒸気原動機の熱効率を高める。過熱器は，飽和温度より高い温度に蒸気を加熱するため，燃焼ガス温度の高い箇所に設置される。（教本 1.8.7(1)，最短合格 1.7.7 [1]参照）
答え (4)

問 83

空気予熱器についての説明のうち，誤っているものは次のうちどれか。

(1) 鋼管製や鋼板製のものなどがある。
(2) 煙道内に設置され，煙道ガスの余熱を利用して燃焼用空気を予熱する。
(3) 燃焼用空気が予熱されると炉内温度が高くなり，低品位の燃料でも容易に燃焼させることができる。
(4) ボイラーの効率が上昇する。
(5) 空気予熱器の伝熱方式は，すべて伝熱面を隔てて熱を空気側に移動させる熱交換式のものに限定される。

問 84

ボイラーのスートブロワについての説明として，誤っているものは次のうちどれか。

(1) ボイラーの伝熱面の外側や炉内壁などの燃焼ガス通路部に設ける。
(2) スートブローを行うと，熱吸収効果が上がる。
(3) 蒸気の噴射によるものと空気の噴射によるものがある。
(4) 抜き差し式は，噴射管を使用するときだけ炉壁内に差し入れ，回転させながら蒸気などを噴射する。
(5) 回転式は，噴射穴を回転させ，任意の位置で停止させて蒸気などを噴射させる。

問 83 空気予熱器には，予熱器エレメントを燃焼ガスで加熱し，そのエレメントで空気を予熱する再生式もある。（教本 1.8.7(3)，最短合格 1.7.7 ③参照）　答え (5)

問 84 回転式スートブロワは，定位置で噴射穴を回転させながら，蒸気などを噴出させるものである。（教本 1.8.7(4)，最短合格 1.7.7 ④参照）　答え (5)

10 附属品及び附属装置

問 85

温水ボイラーの附属品として，特に必要でないものは次のうちどれか。

(1) 温度計　(2) 水高計　(3) 逃がし弁又は逃がし管
(4) ガラス水面計　(5) 排水弁

問 86

附属品及び附属装置についての説明として，誤っているものは次のうちどれか。

(1) 給水内管は，給水が胴内の広い範囲に分散されるように設置する。
(2) 吹出し弁には，玉形弁を用いると不純物がたまりやすいので，仕切弁などを用いる。
(3) 気水分離器は，蒸気をボイラー水面上の広い範囲から一様に集め，プライミングを防止する装置である。
(4) 蒸気トラップは，蒸気使用設備中にたまったドレンを自動的に排出する装置である。
(5) 連続吹出し装置は，ボイラーの水位を調節するため，胴又はドラムなどに設けられる。

問 85 ガラス水面計は，胴又は蒸気ドラムに現れる水位を監視するためのもので，水位が現れない温水ボイラーには設けられない。（教本 1.8.1(2)(a)，最短合格 1.7.6 ①参照）

答え (4)

問 86 連続吹出し装置は，不純物によるボイラー水の濃縮を許容範囲に保つために，連続してボイラー水の一部を排出するものである。（教本 1.8.5(2)，最短合格 1.7.5 参照）

答え (5)

問 87

附属品及び附属装置の説明として，誤っているものは次のうちどれか。

(1) 蒸気トラップは，蒸気管中のウォータハンマを防止する。
(2) 真空給水ポンプは，ビルの蒸気暖房用ボイラー設備に用いられる。
(3) 過熱器は，蒸気原動機用のボイラーに多く用いられる。
(4) エコノマイザは，排ガスにより給水の予熱を行う設備である。
(5) エコノマイザには，鋼管式と再生式がある。

問 88

ボイラーの附属装置として，低水位事故防止に関係のないものは次のうちどれか。

(1) 自動給水調整装置
(2) 火炎検出装置
(3) 給水ポンプ
(4) 低水位燃料遮断装置
(5) インゼクタ

問 87 エコノマイザには鋼管式が一般的で，現在では稀に鋳鉄管式があるが，再生式はない。（教本 1.8.7(2)，最短合格 1.7.7 [2]参照）ウォータハンマは，水の残っているところへ急に蒸気を送ったり，逆に蒸気の存在するところへ水を供給したりすると起こるので，蒸気トラップでドレンを排出する。したがって，(1)は正しい。　答え (5)

問 88 自動給水調整装置の不具合，給水ポンプやインゼクタなどの給水装置の故障は低水位の原因に，低水位燃料遮断装置の不調は低水位時にも燃焼が継続されるので，さらに水位が下がる。(2)の火炎検出装置は，低水位事故防止に関係がない。（教本 1.8.2(3)，最短合格 1.7.2 [3]参照）　答え (2)

10 附属品及び附属装置

問89

ボイラーの附属品及び附属装置の説明として，誤っているものは次のうちどれか。

(1) 電極式水面警報器は水柱管中のフロートにより，水位を検出し警報を発するものである。

(2) 圧力計は，一般にサイホン管を用いて蒸気ドラムに取り付ける。

(3) ディフューザポンプは，羽根車の周辺に案内羽根を設け，これにより水の速度を圧力に変える構造となっている。

(4) 蒸気トラップは，蒸気使用設備内にたまったドレンを自動的に排出する装置である。

(5) 給水加熱器は，タービンからの蒸気又はその他の熱源で給水を予熱する装置である。

問89 電極式水位検出器は，水柱管内の電極に流れる電流の有無によって水位を検出するものである。（教本 1.9.4(4)(b)，最短合格 1.8.4 3参照）　**答え (1)**

11 ボイラーの自動制御

問 90

フィードバック制御における制御量と操作量の組合せで，誤っているものは次のうちどれか。

	制御量	操作量
(1)	蒸気圧力	燃料量及び空気量
(2)	温水温度	燃料量及び空気量
(3)	ボイラー水位	給水量
(4)	空燃比	燃料量及び空気量
(5)	炉内圧力	燃料量及び空気量

問 91

自動起動停止装置の点火順序として，正しいものは次のうちどれか。

(1) ファン運転 → 燃料遮断弁開 → 点火装置作動
(2) 燃料遮断弁開 → 点火装置作動 → ファン運転
(3) 点火装置作動 → 燃料遮断弁開 → ファン運転
(4) 燃料遮断弁開 → ファン運転 → 点火装置作動
(5) ファン運転 → 点火装置作動 → 燃料遮断弁開

問 90 制御対象を一定範囲内に抑えるべき量を制御量といい，そのために操作する量を操作量という。炉内圧力を制御するのは排出ガス量である。（教本 1.9.1(2)，最短合格 1.8.1 [2]参照）

答え (5)

問 91 本設問は，点火に際してのシーケンス制御に関するものである。点火に際しては，先ずファンを起動してプレパージを行い，その後点火装置を作動させてから，燃料遮断弁を開ける。（教本 1.9.3(1)，図 1.84，最短合格 2.1.4 [2]参照）

答え (5)

11 ボイラーの自動制御

問 92

「蒸気圧力が上昇して常用圧力に達すると[　　　]が作動して，燃料遮断弁が閉止し，バーナの燃焼を停止する。」
上文中の[　　　]内に入れる用語として，正しいものは次のうちどれか。

(1) 火炎検出器　(2) オンオフ式温度調節器　(3) 水位検出器
(4) 起動スイッチ　(5) オンオフ式圧力調節器

問 93

ボイラーの自動制御の制御動作として，誤っているものは次のうちどれか。

(1) オンオフ動作による制御
(2) 比例動作による制御
(3) 比例＋オンオフによる制御
(4) 比例＋積分動作による制御（PI 制御）
(5) 積分＋微分動作による制御（ID 制御）

問 94

燃焼安全装置の火炎検出器に関係あるものとして，誤っているものは次のうちどれか。

(1) フォトダイオードセル　(2) 光電管
(3) 疑似火炎　(4) フレームロッド
(5) 点火用変圧器

問 92 オンオフ式圧力調節器は，圧力がオフ点に達すると燃焼を停止させる。また，オンオフ式圧力調節器は，圧力制限器としても使用される。(教本 1.9.2(2), 1.9.4(1)(a)(b), 最短合格 1.8.4 [1] B 参照）
答え (5)

問 93 積分動作（I 動作）と微分動作（D 動作）は，必ず比例動作（P 動作）と組み合わせて用いられる。(教本 1.9.2(6)(7)，最短合格 1.8.2 [2]参照）
答え (5)

問 94 点火用変圧器は点火装置に関係するもので，火炎検出器には関係しない。(教本 1.9.4(6)，最短合格 1.8.4 [4]参照）
答え (5)

問 95

オン・オフ制御のボイラーにおいて，オンの状態として誤っているものは次のうちどれか。

(1) 燃料遮断弁は，開の状態
(2) 給水ポンプは，運転中の状態
(3) オンオフ式圧力調節器の接点は，開の状態
(4) 燃焼用ファンは，運転中の状態
(5) 噴燃ポンプは，運転中の状態

問 96

温水ボイラーをオン・オフ制御する場合に，温度調節器の動作すき間を狭くしたときの結果として，誤っているものは次のうちどれか。

(1) バーナの発停回数が多くなる。
(2) 温水温度の変化幅が小さくなる。
(3) ファン，バーナモータ，点火用変圧器などの使用寿命を短くするおそれがある。
(4) 温度調節器の電気接点の開閉回数が少なくなる。
(5) 点火用電極が早く損耗する。

問 95 オンの状態は運転中の状態であり，選択肢(1)(2)(4)(5)は運転中の状態である。オンオフ式圧力調節器の接点が開放されると，燃料遮断弁は閉じオフの状態となる。(教本 1.9.4(1)(a)，最短合格 1.8.4 ①参照)

答え (3)

問 96 温水ボイラーの温水温度制御も蒸気ボイラーの圧力制御と同様に，操作量の対象は同じである。動作すき間を狭くすると，バーナの発停をきめ細かく行うこととなり，調節器の電気接点の開閉回数が多くなる。(教本 1.9.2(2)，最短合格 1.8.4 ②参照)

答え (4)

11 ボイラーの自動制御

問 97

ボイラーの自動制御について，誤っているものは次のうちどれか。

(1) シーケンス制御は，操作の結果得られた制御量の値を目標値と比較し，それらを一致させる訂正動作を繰り返し制御を行う。

(2) オンオフ動作による制御は，制御偏差の値により操作量が二つの定まった値のいずれかをとり制御を行う。

(3) 比例動作による制御は，偏差の大きさに比例して操作量を増減するように動作し制御を行う。

(4) ハイ・ロー・オフ動作による蒸気圧力の制御は，2段階に分けた設定圧力によって，高燃焼状態と低燃焼状態及び燃焼停止の制御を行う。

(5) 積分動作による制御は，制御偏差に比例した速度で操作量を増減するように動作するもので，オフセットが現れた場合にオフセットがなくなるように制御を行う。

問 98

蒸気ボイラーをオン・オフ制御する場合に，圧力調節器の動作すき間を広くしたときの結果として，誤っているものは次のうちどれか。

(1) 蒸気圧力は，ゆるやかに大きく変化する。

(2) バーナの起動・停止の間隔が長くなる。

(3) 点火用電極の損耗が早まる。

(4) 運転行程中の点火動作の回数が減る。

(5) 電動機等の使用寿命を長くする効果がある。

問 97 シーケンス制御とは，あらかじめ定められた順序で，定められた条件が満足していることを確認しながら，制御の各段階を進めていく制御である。それに対し，フィードバック制御は，操作の結果得られた制御量を目標値と比較し，それらを一致させるように修正動作を繰り返す制御である。（教本 1.9.2 及び 1.9.3，最短合格 1.8.2 1及び 1.8.3 1参照）

答え (1)

問 98 問 96 の反対で，動作すき間を広くするとバーナの発停回数が減るので点火回数も減り，点火用電極の消耗は遅くなり，電動機などの運転，停止回数が少なくなって使用寿命が長くなる。（教本 1.9.2(2)，最短合格 1.8.4 2参照）

答え (3)

問 99

燃焼安全装置の構成要素として，誤っているものは次のうちどれか。

(1) 制限器　(2) 主安全制御器　(3) 点火用変圧器
(4) 燃料遮断弁　(5) 火炎検出器

問 100

火炎検出器についての記述として，誤っているのは次のうちどれか。

(1) 火炎検出器は，炉壁の放射を誤検出することがあるので，注意しなければならない。
(2) 火炎検出器は，火炎の有無又は強弱を検出し，これを電気信号に変換するものである。
(3) 火炎検出器の種類によっては，炉内に光吸収媒体が存在すると誤作動するものがある。
(4) 火炎検出器は，燃料の種類，燃焼量，バーナの構造等に関係なく，どの種類でも共通に使用できる。
(5) 火炎検出器は，あらかじめ定められた条件に適合する火炎だけを検出すること。

問 99 燃焼安全装置は，失火や消火により燃焼が停止した時及びファンの故障や燃料圧力の異常などで燃焼を停止しなければならない時，燃焼に起因する事故を未然に防ぐ装置である。燃焼安全装置は主安全制御器，火炎検出器，燃料遮断弁及び各種の異常を検出する制限器などからなる。点火用変圧器は，点火の際に必要とする装置で，燃焼安全制御装置には関係がない。(教本 1.9.4(5)，最短合格 1.8.4 [4] 参照)　答え (3)

問 100 火炎検出器は，燃料の種類，燃焼方式，燃焼量などを考慮して適切なものを選択しなければならない。(教本 1.9.4(5)(d)，最短合格 1.8.4 [4] B 参照)　答え (4)

11 ボイラーの自動制御

問 101

燃料遮断弁が作動する原因として，該当しないものは次のうちどれか。

(1) 低水位　(2) 蒸気圧力過昇　(3) 不着火
(4) 温水温度低下　(5) 異常消火

問 102

水位検出器についての説明として，誤っているものは次のうちどれか。

(1) 水位検出器には，フロート式と電極式とがあり，中・小容量ボイラーに広く用いられている。
(2) フロート式，電極式のどちらもオンオフ信号を出すものである。
(3) フロート式はその構造上，低水位燃料遮断ができない。
(4) 水位検出器の水側連絡管に設けるバルブ又はコックは，直流形の構造とする。
(5) フロート式水位検出器には，マイクロスイッチを有するものがある。

問 101 温水温度低下や蒸気圧力低下は，温水や蒸気の使用先の負担を増加させるが，ボイラーとしては危険な兆候とはならないので，燃料遮断弁を作動させない。燃料遮断弁を作動（閉止）させる目的を理解すること。(教本 1.9.4(5)(e)参照)　**答え (4)**

問 102 フロート式水位検出器はフロートの位置により，電極式水位検出器は電極に流れる電流の有無によりオン，オフの信号を出すので，低水位になったときはその信号で燃料遮断弁を閉止して燃料遮断ができる。(教本 1.9.4(4)(a)(b)，最短合格 1.8.4 ③参照)　**答え (3)**

問 103

燃料遮断に関する記述として，誤っているものは次のうちどれか。

(1) オン・オフ制御の油だきボイラーでは，燃料遮断弁として電磁弁を用いることが多い。

(2) 蒸気圧力の過昇，低水位，不着火，異常消火等の異常時に自動的に閉止して燃料の供給を遮断する。

(3) 燃料遮断弁は，燃料配管の油加熱器の入口に近い箇所に設けられる。

(4) 直動式電磁弁やパイロット式電磁弁は，一般に中・小容量のボイラーに使用される。

(5) 燃料遮断弁には，直動式，ダイヤフラム弁，液動弁，電動弁等がある。

問 104

シーケンス制御に使用されない機器又は部品は，次のうちどれか。

(1) 電磁継電器　(2) リミットスイッチ　(3) タイマ

(4) マイクロスイッチ　(5) 温度調節器

問 103 燃料遮断弁は，可能な限りバーナの近くに設けられる。これは，遮断弁が閉止した際，遮断弁より先の（遮断弁よりバーナまでの）燃料が炉内に入るのを最小とするためである。(教本 1.9.4(5)(e)，最短合格 3.2.2 [4] 図 3.2.6 参照)

答え (3)

問 104 調節器は，フィードバック制御に使用される機器である。(教本 1.9.3(2)参照)

答え (5)

11 ボイラーの自動制御

問 105

コントロールモータの記述として，誤っているものは次のうちどれか。

(1) 一般に，小型電動機に減速器を組み合わせ，どちらの方向にも回転できるようになっている。

(2) 圧力調節器からの信号の変化に応じた回転角度が得られる。

(3) 内部のバランシングリレー，リミットスイッチ，すべり抵抗が装備されている。

(4) 慣用語で操作モータともいう。

(5) 燃料量と給水量を一つのコントロールモータで調節することができる。

問 105 制御対象が蒸気ボイラーの蒸気圧力又は温水ボイラーの温水温度では，燃料弁と燃焼用空気ダンパを調節するコントロールモータがあるが，制御対象が蒸気圧力又は温水温度とボイラー水位と別なものに対し，一つのコントロールモータで制御することはできない。(最短合格 1.8.4 1 C 参照)

答え (5)

Ⅱ
ボイラーの取扱いに関する知識

1 使用開始前の準備

問 1

ボイラーを使い始める前の点検要領又は措置として，誤っているものは次のうちどれか。

(1) ガラス水面計のパッキン締付け用袋ナットは，ボイラー水が漏れないよう工具で強く締め付ける。

(2) ダンパの作動に異常がないか点検する。

(3) 圧力計の針が0を指し，コックが開いていることを確かめる。

(4) ガラス水面計の各コックが滑らかに動くか調べる。

(5) 安全弁から蒸気が漏れた跡がないか点検する。

問 2

ボイラーを使い始める前の点検と取扱い要領として，誤っているものは次のうちどれか。

(1) ガラス水面計の上下のコックは，少し力を入れて動く程度にナットを締め付けておく。

(2) 主蒸気弁は，一度締めてみた後，全開の状態にしておく。

(3) 安全弁の排気管又は排水管の取付け状態の異常の有無を点検する。

(4) 空気抜き弁は，蒸気が発生し始めるまで開いておく。

(5) ダンパは，軽く円滑に動くかどうか点検する。

問 1 水面計のパッキン押え用ナットなどを強く締め付け過ぎると，ガラスの破損にいたる。(教本 2.2.2(3)③参照)

答え (1)

問 2 主蒸気弁は，ボイラー使用開始前に開閉操作に支障がないことを確認しておく必要があるが，運転前は閉じておく。主蒸気弁を開とするのは，圧力が上昇してからである。(教本 2.1.5(4)(a)，最短合格 2.1.3 [1]参照)

答え (2)

問3

ボイラーを使い始める前の内部点検をするに当たって措置しなければならない事項として，誤っているものは次のうちどれか。

(1) ボイラー内に，工具やボルトなどが残ってないことを確かめる。
(2) 安全弁をもう一度締め直す。
(3) 給水内管など，胴内の取付け装置は確実に取り付けられていることを確かめる。
(4) 内部を点検し，圧力，水位等の検出用連絡管が詰まっていないことを確認する。
(5) 内部に異常のないことを確かめた後，マンホール，掃除穴等のふたを取り付け密閉する。

問3 安全弁は前もって調整しておき，使用開始に当たって締め付けてはならない。(教本 2.2.3(1)(3)参照)

答え (2)

2 点火前の点検，準備及び点火

問 4

ボイラーの使用開始時に必要な心得として，正しいものは次のうちどれか。

(1) 運転に入る前に，ボイラー水の吹出しを行ってはならない。
(2) 燃料が灯油の場合は，一般に加熱して噴霧状態を良くする。
(3) 煙道の各ダンパを全開して，炉内及び煙道内の換気を行う。
(4) 水位は，常用水位より高めに調整する。
(5) 水面計が水柱管に取り付けてある場合は，水柱連絡管の止め弁が閉じていることを確認する。

問 5

ボイラーの点火前に行う作業として，誤っているものは次のうちどれか。

(1) ボイラー水の水位が常用水位にあるかどうかを，水面計によって調べる。
(2) 圧力計の指針の指示が正しいかどうか点検する。また，サイホン管のコックが開いているかどうか調べる。
(3) 空気抜き弁が閉じていることを確認する。
(4) 煙道の各ダンパを全開して，炉内及び煙道の換気を行う。
(5) ディフューザポンプ吸込み側軸のグランドパッキンは，運転中少量の水が連続して滴下する程度に締めておく。

問 4 点火前には煙道の各ダンパを全開にして，炉内及び煙道の換気（プレパージ）を十分行い，点火による炉内爆発を避ける。(教本 2.1.3(6)，最短合格 2.1.3 ②参照)

答え (3)

問 5 点火に先立って空気抜き弁は開いておき，点火して圧力が上がり始め，蒸気が空気抜き弁から出始めたら空気抜き弁を閉める。(教本 2.1.3(5)，最短合格 2.1.3 ①参照)

答え (3)

問 6

点火前に煙道内の換気を十分行わなければならない理由として，正しいものは次のうちどれか。

(1) 燃料の着火をよくするため
(2) 二酸化硫黄（SO_2）を少なくし，腐食を防止するため
(3) ガス爆発を防止するため
(4) 煙道を乾燥し，通風をよくするため
(5) 通風力を点検するため

問 7

重油バーナの取扱方法についての説明として，誤っているものは次のうちどれか。

(1) 点火前に，あらかじめ油を循環させて配管系統の油の流動状態と油の漏れの有無を調べる。
(2) 点火の前には，あらかじめ通風を強めて炉内の換気を十分に行う。
(3) オイルバーナが上下に 2 個あるときは，最初に下のバーナに点火する。
(4) C 重油の加熱温度は 120℃以上とする。
(5) 2 本あるバーナのうち 1 本が燃焼している場合であっても，あとの 1 本のバーナに点火する際は，点火用火種を用いなければならない。

Ⅱ

解説

問 6 炉内及び煙道の未燃ガスは，点火によって急激に着火（爆発）するため，点火前に煙道ダンパを開いて換気を行い，爆発の防止に努めなければならない。（教本 2.1.3(6)，最短合格 2.1.3 ②参照）

答え (3)

問 7 B 重油（JIS 2 種）や C 重油（JIS 3 種）は粘度が高いため，加熱して噴霧に適した粘度にする必要がある。B 重油では 50～ 60℃，C 重油では 80～105℃ に加熱する。（注，現在では，B 重油は生産されていない）（教本 2.1.4(2)(a)，最短合格 2.1.4 ①参照）

答え (4)

2 点火前の点検，準備及び点火

問 8

手動操作による空気噴霧式バーナを使用する重油だきボイラーの点火方法として，正しいものは次のうちどれか。

(1) ダンパを少し開き，空気弁を少し開いて次に燃料弁を開き，点火棒を炉内に入れて点火する。

(2) ダンパを少し開き，次に空気弁を開いて炉内に点火棒を入れ，燃料弁を開いて点火後ダンパを全開する。

(3) ファンを運転しプレパージを行った後，炉内通風圧を調整し，空気弁を開き，炉内に点火棒を入れ，次に燃料弁を開いて点火する。

(4) ダンパを締めておき，空気弁を少し開き，点火棒を入れ，燃料弁を開いて点火し，ダンパを必要に応じて徐々に開いていく。

(5) 炉内に点火棒を入れ，燃料弁を開いた後，空気弁を開いて点火し，燃焼が安定してからダンパを徐々に開ける。

問 8 選択肢(1)(2)の「ダンパを少し開き」は「プレパージを行った後，ダンパを点火位置に設定し」である。また，(2)において，点火後の火勢の弱い段階でダンパを全開にすると，火が吹き消されることがある。(4)(5)で点火時にダンパを閉じておくことは，空気が供給されていないので，炉内爆発のおそれが生じる。（教本 2.1.4(2)(c)，最短合格 2.1.4 [1]参照）

答え (3)

問9

手動操作によるボイラーで，一度消した蒸気噴霧式又は空気噴霧式油バーナに再点火する場合の操作として，正しいものは次のうちどれか。

(1) 燃料弁を徐々に開き，次に蒸気又は空気を送って直ちにダンパを開け，点火する。

(2) ダンパを開けて通風を行った後，燃料弁を開き，次に蒸気又は空気を送って点火する。

(3) ダンパを全開し，ファンを運転し炉内及び煙道内を換気した後通風圧を調整し，蒸気又は空気を送り，点火用火種を差し込み，燃料弁を開いて点火する。

(4) 蒸気又は空気を送り，燃料弁を徐々に開いて点火し，ダンパを開け通風を行った後，点火する。

(5) 燃料弁を開き，次に蒸気又は空気を送り，ダンパを開けて通風を行った後，点火する。

問9 運転していたバーナを消火した後，再点火する場合でも，教本2.1.4(2)(c)にあるようにプレパージを行った後，点火動作に入らなければならない。 答え(3)

2 点火前の点検，準備及び点火

問 10

空気噴霧式バーナを使用する油だきボイラーにおける逆火の原因として，誤っているものは次のうちどれか。

(1) 点火の際，燃料弁を必要以上に急開した。
(2) 点火の際，着火が遅れた。
(3) 火種を使わず，炉壁の熱で着火させた。
(4) ダンパを絞り過ぎた。
(5) 消火の際，噴霧空気弁より先に燃料弁を急閉した。

問 11

ガス焚きボイラーの点火前の準備，点火方法について，誤っているものは次のうちどれか。

(1) ガス圧力が加わっている継手，コック及び弁は，ガス漏れ検出器又は検出液の塗布によりガス漏れの有無を点検する。
(2) 点火用燃料のガス圧が低下していると，点火炎が短炎となり，点火遅れによる逆火を引き起こすおそれがあるので，ガス圧力を確保する。
(3) 炉内及び煙道の換気を十分な空気量で行う。
(4) 点火用火種は，できるだけ火力の小さなものを使用する。
(5) 主バーナが点火制限時間内に着火するかを確認し，着火しないときは直ちに燃料弁を閉じ，炉内を換気する。

問 10 逆火は炉内へ供給した燃料への着火が不十分で，未着火のまま蓄積された燃料が瞬時に着火することにより，燃焼ガスが炉より排出しきれずにバーナたき口へ逆流することである。したがって，燃料は燃焼用空気の供給量に見合って供給しなければならない。また，燃料の着火がスムーズに行われるような点火方法が必要である。選択肢(5)の消火の際，噴霧空気弁より先に燃料弁を急閉するのは，燃焼用空気不足とならないので逆火の原因とならない。(教本 2.1.7(6)，最短合格 2.1.7 3参照)　**答え (5)**

問 11 点火用火種は，火力の大きなものを使用することが必要である。火力が小さいと，点火炎の長さが不足し，主燃料との接触が不良となり，着火遅れが生じて，逆火の原因となることがある。(教本 2.1.4(3)参照)　**答え (4)**

3 圧力上昇時の取扱い

問 12

ボイラーのたき始めにおける留意事項として，正しいものは次のうちどれか。

(1) 冷たい水からたき始める場合は，一般に低圧ボイラーでは最低 1 ～ 2 時間をかけ，急激なたき方をしない。

(2) 水面計などの附属品の取付け部に漏れが発見されたときは，常用圧力まで上昇してから増締めなどの措置を行う。

(3) 所定の蒸気圧力まで上昇させるのに必要な時間は，燃料の発熱量で決めることができる。

(4) 蒸気が発生し始める直前に，空気抜き弁を閉じる。

(5) 鋳鉄製ボイラーは，急冷急熱しても差し支えない。

問 13

たき始めにおいて，急激な燃焼により圧力を急上昇させてはならない理由として，最も適切なものは次のうちどれか。

(1) ボイラー水の循環を悪くする。

(2) ボイラー本体の不同膨張を起こさないようにする。

(3) ボイラー効率を低下させる。

(4) 安全弁，圧力計を破損する。

(5) ボイラー水が異常減少する。

問 12 ボイラーのたき始めには，ボイラー本体の不同膨張を避けるため，ボイラー本体に大きな温度差が生じないようにする必要がある。不同膨張が大きくなると，各部のクラックや管取付け部の漏れが生じる。（教本 2.1.5(1)～(3)，最短合格 2.1.5 [1]参照）

答え (1)

問 13 たき始めは，ボイラー本体の不同膨張を避けるため，急激な燃焼量の増加を行ってはならない。（教本 2.1.5(1)(2)，最短合格 2.1.5 [1]参照）

答え (2)

3　圧力上昇時の取扱い

問 14

ボイラーをたき始めるときの各種の弁，コックの開閉について，誤っているものは次のうちどれか。

(1)　主蒸気止め弁　――　閉
(2)　水面計とボイラー間の連絡管の弁，コック　――　開
(3)　胴の空気抜き弁　――　閉
(4)　吹出し弁，吹出しコック　――　閉
(5)　圧力計のコック　――　開

問 15

蒸気圧力が上がり始めたときの注意事項として，正しいものは次のうちどれか。

(1)　圧力が上がり始めると，空気抜き弁を開けて空気を追い出さなければならない。
(2)　圧力計の指針が上下に振れながら上昇していた。
(3)　水面計に現われている水位は，ボイラーの働きが正しい時はじっとしており，上下に動いているのは不良である。
(4)　吹出し弁から先の吹出し管が熱い場合は，ボイラー水が漏れているしるしであるので，ボイラーを停止して弁のすり合わせなどの処置を行わなければならない。
(5)　安全弁は，最高使用圧力の 20% 増しで吹き出すように調整しておかなければならない。

問 14　ボイラーのたき始めには空気抜き弁を開いておき，圧力が多少上昇し（0.1〜0.2 MPa程度），白色の蒸気の放出が認められた後，空気抜き弁を閉じる。（教本 2.1.5(3)(a)，最短合格 2.1.3 [1]参照）

答え (3)

問 15　圧力が上がり始めて吹出し弁の先の吹出し管が熱くなるのは，ボイラーの内部圧力により，吹出し弁からボイラー水が漏れている証拠である。（教本 2.1.5(3)(e)参照）

答え (4)

問 16

ボイラーの蒸気圧力が上がり始めた時の注意事項に関する記述のうち，誤っているものはどれか。

(1) 時々，吹出し弁の締切り装置から先の管に手を触れて，次第に熱くなってくることを確認する。

(2) 2組の水面計の水位が同じであるか調べ，水位の動き具合に注意する。

(3) 蒸気が発生し始め，ボイラー内の空気が完全に排出された後，空気抜き弁を閉じる。

(4) 圧力計の背面を指先で軽くたたくなどして，圧力計の機能の良否を判断する。

(5) 水面計，吹出し弁などの取付け部等に濡れた部分がないか調べ，漏れのある箇所は軽く増締めするなどの処置を行う。

問 17

ボイラーのたき始めの各部の状況であるが，正常でないのは次のうちどれか。

(1) ボイラーをたき始めたら，給水しないのに最初水面計に現われていた水位より水面の位置が高くなった。

(2) たき始めてしばらくたっているのに，吹出し弁から先の吹出し管に手を触れてみても熱くなっていない。

(3) 圧力計のコックのハンドルが管軸に平行になっており，その指針は少しずつ動いている。

(4) 水面計に示される水位が全く変化しない。

(5) 蒸気が発生し始め，空気抜き弁から蒸気が勢いよく出始めた。

問 16 選択肢(1)は「熱くならないことを確認する」である。次第に熱くなるのはボイラー水が漏れているので異常状態。（教本 2.1.5(3)(e)参照）

答え (1)

問 17 圧力の上がり始めには，ボイラー水が膨張し水位は上昇する。また，ボイラー運転中は水面計に現れる水位は絶えず上下に動いているので，全く動かないのは，連絡管の弁又はコックが閉じていることが考えられる。（教本 2.1.5(3)(d)，最短合格 2.1.5 ②参照）

答え (4)

3　圧力上昇時の取扱い

問 18

蒸気管の接合部から蒸気が漏れる原因として，関係のないものは次のうちどれか。

(1)　温度変化のための伸縮による。
(2)　ガスケットの不良による。
(3)　ウォータハンマによる。
(4)　振動が激しいため，接合部にゆるみを生じることによる。
(5)　スケールが付着することによる。

問 19

送気を開始する場合，主蒸気管の暖管（管を暖める）方法として適切でないものはどれか。

(1)　送気に先立ち，主蒸気弁以降の蒸気配管に設けられている蒸気弁を全開にして，蒸気トラップが設けられている場合には，そのバイパス弁を開ける。
(2)　蒸気管を暖管操作するときは，空気抜き弁を開けて行う。
(3)　蒸気使用中の蒸気だめに主蒸気弁が連絡しているときは，蒸気だめ側の蒸気止め弁を少し開いて蒸気管内に逆送して暖管する。
(4)　主蒸気管の暖管は，逆送などによって行えない場合には，主蒸気弁を注意深くわずかに開いて，時間をかけて蒸気を流す。
(5)　暖管が十分行われた後，主蒸気弁を段階的に開いて全開にする。

問 18　選択肢(1)～(4)は，蒸気管の接合部からの漏れの要因である。キャリオーバなどにより，蒸気管内にスケールが付着しても漏れの要因とはならない。ウォータハンマを起こさないようにするには，教本 2.1.5(4)(a)参照のこと。

答え (5)

問 19　主蒸気管の空気抜きは，上流の蒸気管の上部より抜き出すので，下流の管には蒸気が流れないため暖められずドレンも抜けない。主蒸気管の暖管は，下流側に向けて蒸気を少量ずつ流して蒸気管を徐々に暖める。蒸気トラップのバイパス弁を開くのは，蒸気とともにドレンを流しやすくするためである。空気抜き弁を開くのは，空気を抜くのが目的で暖管することが目的ではない。(教本 2.1.5(4)(a)，最短合格 2.1.5 [2]参照)

答え (2)

問 20

以下は，送気始めの蒸気弁の開け方について説明したものである。誤っているものは次のうちどれか。

(1) 主蒸気弁は段階的に徐々に開け，全開状態になったら少し閉方向に戻す。

(2) 蒸気を送り込む側の主蒸気管や蒸気だめなどのドレン弁を全開にして，ドレンを完全に排除する。

(3) 主蒸気管の暖管は，ボイラーの主蒸気弁を注意深くわずかに開いて蒸気を少し送り時間をかけて行う。

(4) 大口径の主蒸気弁で，小口径のバイパス弁が設けられている場合，バイパス弁を開けて暖管を行う。

(5) 主蒸気管の暖管をする場合，使用中の蒸気だめから蒸気を逆送して暖管してはならない。

問 20 選択肢(1)～(4)は，主蒸気管の暖管方法。(5)は，使用中の蒸気だめから蒸気を逆送する暖管方法である。(教本 2.1.5(4)(a)参照)

答え (5)

3 圧力上昇時の取扱い

問 21

以下は，送気直後の点検について記述したものである。誤っているものは次のうちどれか。

(1) ボイラーは自動的に制御されているので，燃焼状態を点検する必要はない。

(2) 送気するとボイラーの圧力が低下するので，圧力計を見ながら燃料量が適正に調整されていることを確認する。

(3) ドレン弁，ドレントラップのバイパス弁，その他の弁の開閉状態の異常の有無を点検する。

(4) 水面計の水位に変動が現われるので，給水装置の運転状態を見ながら水位を監視する。

(5) インタロックなど，自動制御装置の異常の有無を再確認する。

問 21 送気直後の点検は，教本 2.1.5(4)(b)参照のこと。自動制御装置が完備されていても，それに頼ることなく燃焼状態の点検を含め，常にボイラーの運転状況を監視する。(教本 2.1.6 参照)

答え (1)

4 ボイラー運転中の取扱い

問 22

手だき重油バーナの燃焼調節の方法として，正しいものは次のうちどれか。

(1) 燃焼量を増す場合には，燃料弁の開度を増してから通風を増す。
(2) 燃焼量を減ずる場合には，通風を減じてから燃料弁の開度を減ずる。
(3) 燃焼中にバーナの使用数を増す場合には，増そうとするバーナに点火してから通風を増す。
(4) 燃焼中にバーナの使用数を減ずる場合には，通風を減じてから停止しようとするバーナの燃料弁を閉じる。
(5) 火炎の色が暗赤色のときは通風を増し，輝白色を呈するときは通風を減ずる。

問 23

ボイラー運転中の留意事項として，誤っているものは次のうちどれか。

(1) ボイラーの水位は常用水位を保持し，安全低水面以下にならないようにする。
(2) ガラス水面計の水位が絶えず上下に動いていることを確かめる。
(3) 蒸気圧力は，最高使用圧力を超えないようにする。
(4) 燃焼量を増やすときは，燃料を増やす前に通風量を増やし，燃焼量を減らすときは，燃料を減らしてから通風量を減らす。
(5) ボイラーの種類を問わず，ボイラー水の吹出しは，ボイラー使用中は絶対に行ってはならない。

問 22 燃焼量を調節する時は，常に空気量が不足しないようにする。空気量が不足すると不完全燃焼を生じ，すすの発生の要因となる。また，油だきボイラーでは，火炎の色の観察は燃焼状態の点検に必要である。（教本 2.1.6(3)，最短合格 2.1.6 ②参照）

答え (5)

問 23 運転中のボイラー水の間欠吹出しは，スラッジが排出しやすい負荷の低い時に行う。（教本 2.1.6(1)(d)，最短合格 2.2.4 ①参照）

答え (5)

4　ボイラー運転中の取扱い

問 24

給水に関する説明として，正しいものは次のうちどれか。

(1)　給水回数を少なくするため，1 回の給水量は多めとするのがよい。
(2)　復水混合タンク内の給水温度は，できるだけ高くするのがよい。
(3)　給水は，ボイラーの水位が安全低水面付近になってから行うのがよい。
(4)　給水は，常に常用水位に保つように行うのがよい。
(5)　水位を高くすると，プライミングを防止することができる。

問 25

燃焼調節の記述として，次のうち誤っているものはどれか。

(1)　燃焼量は，急激に増減しないこと。
(2)　燃焼量を増す時は，空気より先に燃料を増加する。
(3)　不必要な空気の炉内侵入を防止し，炉内を高温に保つ。
(4)　燃料と燃焼空気の混合接触を良好に保つこと。
(5)　油だきの火炎が短く，揮白色で炉内が明るい場合には，空気量を減らす。

問 24 給水は，常に一定の水位（常用水位）を保つようにする。(教本 2.1.6(1)(a)，最短合格 2.1.6 ①参照) 水位が高すぎると，水面と蒸気取り出し口との間の距離が短くなり，プライミングが起こりやすくなる。(教本 2.1.7(4)(c)，最短合格 2.1.6 ①参照) 復水混合タンク内の給水温度が高すぎると，ポンプの金属表面と水の間に気泡が生じ，騒音振動の原因となる。

答え (4)

問 25 燃焼の調節には，常に燃焼用空気の不足を避けること。したがって，燃焼量を増す時は燃料量より空気量を先に増し，減ずる時は空気量より先に燃料量を減ずる。(教本 2.1.6(3)，最短合格 2.1.6 ②参照)

答え (2)

問 26

燃焼の調節に当たって使用する計器として，関係ないものは次のうちどれか。

(1) 通風計　(2) CO_2 計　(3) CO 計
(4) 油面計　(5) O_2 計

問 27

「重油燃焼で空気量が適量であるとき，炎は［　A　］を呈し，炉内の見通しがきき，空気量が多いときは，短く［　B　］を呈し，空気量が少ないときは［　C　］を呈し炉内の見通しがきかない。」
上文中の［　　］内に入れる A，B 及び C の用語の組合せとして，正しいものは次のうちどれか。

	A	B	C
(1)	赤色	やや白い	暗赤色
(2)	オレンジ色	輝白色	暗赤色
(3)	オレンジ色	暗赤色	ややうすい紫色
(4)	暗黒色	ややうすい紫色	やや白色
(5)	やや白色	赤色	暗赤色

問 26 燃焼の調節は，燃焼ガスや通風の監視によって行う。油タンクの油面計は，燃焼調節に直接関係しない。（教本 2.1.6(3)，最短合格 2.1.6 ②参照）　答え (4)

問 27 燃焼状態は炎の色，形によって知ることができる。空気量が多い場合は炎が短く輝白色を呈し，少ない場合は暗赤色を呈し炎が長い。空気量が適量の場合は，オレンジ色（うすいだいだい色）を呈する。（教本 2.1.6(3)，最短合格 2.1.6 ②参照）　答え (2)

4 ボイラー運転中の取扱い

問 28

ボイラー水の吹出しについての説明として，誤っているものは次のうちどれか。

(1) 鋳鉄製ボイラーの吹出しの必要性はまれである。

(2) ボイラー底部からの間欠吹出しは，ボイラーの底部にたまる「スラッジ」を排出する。

(3) ボイラー水の濃縮した不純物を排出するために行う。

(4) 水管ボイラーの運転中に水冷壁の吹出しを行う。

(5) 吹出しは，ボイラーの負荷の低いときに行う。

問 29

間欠吹出し作業についての注意事項として，誤っているものは次のうちどれか。

(1) 吹出しは，適宜行うこと。

(2) 吹出しは，ボイラーの蒸発量の多い時に行うこと。

(3) 吹出し弁や吹出しコックは吹出し後，漏れがないことを確かめること。

(4) 吹出しが終わり，吹出し弁や吹出しコックを完全に閉めきるまでは，その場を離れないこと。

(5) 吹出し作業中は，他の作業を行わないこと。

問 28 水管ボイラーの水冷壁の吹出しは，運転停止時の水抜きのためのものである。運転中の水冷壁の吹出しは，ボイラー水の循環を乱すので行ってはならない。（教本 2.1.6(1)(d)，最短合格 2.2.4 ③参照）

答え (4)

問 29 間欠吹出しは，燃焼が軽く負荷が低い時に行う。これは，ボイラー底部に溜まっているスラッジの動きが鈍く，缶底から除去しやすいためである。（教本 2.1.6(1)(d)，最短合格 2.2.4 ①参照）

答え (2)

問 30

蒸気発生中，ガラス水面計に見える水位の状態について，正常なものは次のうちどれか。

(1) 一定の所を指している。 (2) 上下に少し動いている。
(3) 上下に大きく動いている。 (4) 下に動いている。
(5) 上に動いている。

問 31

ボイラーのスートブローについての注意事項として，誤っているものは次のうちどれか。

(1) 燃焼量を下げて行わないこと。
(2) スートブローは，最大負荷よりやや低いところで行うこと。
(3) ダンパの開度を絞り，通風力を小さくして行うこと。
(4) 蒸気又は圧縮空気のドレンを，よく抜いて行うこと。
(5) 一箇所に長く吹きつけないこと。

問 30 ボイラー運転中は，水面計に現れる水位は絶えず上下に動いている。全く動かないのは，連絡管の弁又はコックが閉じていることが考えられる。(教本 2.1.6(1)(a)，最短合格 2.1.5 [2]参照)

答え (2)

問 31 スートブロワ運転時は，噴射された蒸気又は空気により燃焼ガス量が増加するので，通風力を小さくしてはならない。(教本 2.1.6(5)，最短合格 2.1.6 [3]参照)

答え (3)

問32

ボイラーの使用中に水位が低くなりすぎた場合の措置として，誤っているものは次のうちどれか。

(1) 油手だきの場合，「からがま（低水位）」と認められたら火を消し，ダンパを全開にして空気を送る。
(2) 鋳鉄製ボイラーの場合，ボイラーの水位が水面計以下にあると気付いたときは，直ちに燃料の供給を停止し，いかなる場合でも水を送ってはならない。
(3) 直ちにボイラーの非常停止措置をして，自然冷却させる。
(4) 安全弁や主蒸気弁を全開にして圧力を下げる。
(5) ボイラーが自然冷却するのを待って，原因及び各部の損焼の有無を点検する。

問32 主蒸気弁を全開にしたり，安全弁を強制的に開くとボイラー外に送り出す蒸気が多くなり，より水位の低下を招くので，異常低水位時には行ってはならない。（教本 2.1.7 (1)(b)，最短合格 2.1.7 [1]参照）

答え (4)

問33

ボイラーの水位に関するAからEまでの記述について，正しいものの組合せは(1)～(5)のうちどれか。

A：低水位による事故を防止するため，常に高水位を保つよう心掛ける。

B：高水位を保つことによって，プライミングを防止することができる。

C：運転中のボイラーでは，水位は絶えず上下方向にわずかに動いているのが普通である。

D：効率のよい運転のため，1回当たりの給水量を多めとし，給水回数を減らすよう心掛ける。

E：2組の水面計の水位を比較し，相違があればいずれかの水面計に機能障害があると考える。

(1) A，D　(2) B，E　(3) C，E
(4) D，B　(5) E，A

問34

ボイラー水位の異常低下の原因として，誤っているものは次のうちどれか。

(1) 給水ポンプが故障していた。
(2) 吹出し弁が漏れていた。
(3) 給水弁が閉じていた。
(4) 送気量を急激に増加させた。
(5) 最高使用圧力を超えて使用した。

問33 水位を常用水位より高く保つと，水面から蒸気取り出し口への距離が短くなり，プライミングを起こしやすくなる。このため，給水は蒸気負荷に見合って行い，水位を一定に保つようにする。（教本2.1.6(1)及び問23の解説，最短合格2.1.5 ②及び問24の解説参照）

答え(3)

問34 選択肢(4)の送気量の急激な増加は，高度な水位（給水量）制御装置を備えたボイラーでは，水位の異常低下までは通常起こらないが，簡易な水位制御では操作量の遅れにより異常低下になりうる。(5)の異常圧力上昇は，ボイラー水位の低下に直接関係ない。（教本2.1.7(1)(a)，最短合格2.1.7 ①参照）

答え(5)

5　運転中の障害対策及び使用停止時の取扱い

問 35

ボイラー運転中，低水位に気付いたときの応急措置として，誤っているものは次のうちどれか。

(1)　安全弁その他のバルブを開き，蒸気を逃がして圧力の低下を図る。

(2)　低水位検出器が作動しない場合には，燃料弁を閉じて電源スイッチを切り，油加熱器の蒸気止め弁を閉じる。

(3)　鋳鉄製ボイラーの場合は，給水してはならない。

(4)　油手だきの場合，バーナの燃料弁及び油加熱器の蒸気止め弁を閉じ，ダンパを全開して燃焼室や煙道内を冷やす。

(5)　鋳鉄製ボイラーでは燃料弁を閉じ，給水を行わない。

問 36

ガラス水面計に水位が現れない原因として，正しいものは次のうちどれか。

(1)　内部の圧力が低すぎる。　　(2)　ガラス管が太すぎる。

(3)　内部の圧力が高すぎる。　　(4)　ガラス管が長すぎる。

(5)　ボイラー水が多すぎる。

問 35　ボイラーの低水位時は燃料の供給を止めて，燃焼を停止することが安全である。ボイラー水位が安全低水面以下にあるとき，燃焼を継続すると過熱を起こし材料の強度が低下し，圧かいや破裂の原因となる。（教本 2.1.7(1)(b)及び問 31 の解説，最短合格 2.1.7 [1]及び問 32 の解説参照）　**答え (1)**

問 36　ガラス水面計に水位が現れないのは，可視部から外れた範囲に水位があるためで，水位が高すぎる場合又は低すぎる場合である。また，プライミングやホーミングが発生すると，水面が動揺し水面計で水位を確認しにくい。（教本 2.1.7(1)参照）　**答え (5)**

問 37

キャリオーバ（プライミング，ホーミング等）の発生原因として，誤っているものは次のうちどれか。

(1) 蒸気負荷が過大であること。
(2) ボイラーの水面位置と蒸気取出し口との距離が近いこと。
(3) ボイラー水中に不純物を多く含んでいること。
(4) 主蒸気弁を急開したこと。
(5) ボイラー水位が低水位であること。

問 38

ボイラーにおけるキャリオーバの障害として，誤っているものは次のうちどれか。

(1) 蒸気の純度を低下させる。
(2) ボイラー水全体が著しく揺動し，水面計の水位が確認しにくくなる。
(3) 自動制御関係の検出端の開口部及び連絡配管の閉そく又は機能の障害を起こす。
(4) 水位制御装置がボイラー水位が下がったものと認識し，ボイラー水位を上げて高水位になる。
(5) ボイラー水が過熱器に入り，蒸気温度が低下したり，過熱器の汚染や破損を起こす。

問 37 ボイラー水位が高いと，水面と蒸気取出し口の距離が短くなり，キャリオーバを発生しやすい。したがって，ボイラー水位が低であれば，ボイラー水面と蒸気取出し口の距離が長くなり，キャリオーバは発生しにくい。ただし，ボイラーの低水位は，ボイラーの大事故につながる。（教本 2.1.7(4)(c)，最短合格 2.1.7 [2] A 参照）

答え (5)

問 38 プライミングやホーミングが急激に起こると，水位制御装置がボイラー水位が上がったものと認識し，ボイラー内の水位を下げ，低水位事故を起こすおそれがある。（教本 2.1.7(4)(b)，最短合格 2.1.7 [2] B 参照）

答え (4)

5 運転中の障害対策及び使用停止時の取扱い

問 39

キャリオーバ（プライミング，ホーミング等）が起きた場合の措置として，誤っているものは次のうちどれか。

(1) 燃焼量を少なくする。

(2) 主蒸気弁を急開して圧力を下げる。

(3) 水位が高い場合には，一部をブローする。

(4) ボイラー水の試料をとり，水質試験を行う。

(5) ボイラー水の不純物が多い場合は，吹出し量を増す。

問 40

蒸気噴霧バーナを使用する油だきボイラーの運転を手動で停止する際に，一般的な順序で最初に行うこととして，正しいものは次のうちどれか。

(1) 噴霧用蒸気を止める。　(2) ファンを止める。

(3) ダンパを閉める。　(4) 燃料弁を閉じる。

(5) 炉からバーナを引き出す。

問 39 運転しているボイラーの主蒸気弁を急開すると，ボイラー圧力が一時的に下がりボイラー水中の蒸気の体積が増し，ボイラー水面を押し上げプライミングを起こしやすくするので，(2)は逆効果となる。（教本 2.1.7(4)(c) 表 2.2 参照）　答え (2)

問 40 ボイラーの運転を停止するには，何よりも先に燃料の供給を止めて燃焼を停止することである。（教本 2.1.7(2)，最短合格 2.1.8 [1]参照）　答え (4)

問 41

重油バーナのノズルチップや炉壁に炭化物が生成する原因として，誤っているものは次のうちどれか。

(1) ノズルチップが汚損，摩耗した。
(2) 油噴射角度が適正でない。
(3) 油圧，油温が適正でない。
(4) バーナの取付けが適正でない。
(5) 燃料の噴霧粒径が小さい。

問 42

重油だきボイラーを使用中に異常事態が発生し，緊急に運転を停止する場合の順序として，正しいものは次のうちどれか。

A：主蒸気弁を閉じる。
B：炉内，煙道の換気を行う。
C：燃料の供給を停止する。
D：ダンパは開放したままとし，通風を行う。
E：給水を送る必要があるときは，給水を送り込む。

(1) A → B → C → D → E (2) B → C → E → A → D
(3) C → B → A → E → D (4) D → B → A → E → C
(5) E → A → B → C → D

問 41 燃料の噴霧粒径が小さいのは，空気との接触面が大きくなり，火炎中の可燃物を効果的に燃焼させるので，炭化物の生成の原因とはならない。（教本 2.1.7(8)，最短合格 3.2.2 [2]参照）

答え (5)

問 42 緊急事態には，先ず燃料の供給を止めて燃焼を停止させる。（教本 2.1.7(2)，最短合格 2.1.7 [5]参照）

答え (3)

5 運転中の障害対策及び使用停止時の取扱い

問 43

重油燃焼において，突然，消火したときの措置として，誤っているものは次のうちどれか。

(1) 燃料弁を閉めるなど，油の供給を止める。
(2) ダンパを全開し，炉内に空気を通して換気する。
(3) ダンパを全閉し，空気による炉内の冷却を防ぐ。
(4) 異常消火後も油が流入すると，油が蒸発し爆発を起こすことがあるので，注意を要する。
(5) 異常消火の原因を調べ，改善した後，最初の点火要領にしたがって操作する。

問 44

油だきボイラーの運転中に突然，異常消火した場合の原因として，誤っているものは次のうちどれか。

(1) バーナの噴霧口が詰まっていた。
(2) 油ろ過器が詰まっていた。
(3) 燃料弁を絞りすぎた。
(4) 噴霧蒸気圧力が強すぎた。
(5) 炉内温度が高すぎた。

問 43 燃料の供給を停止し燃焼を止めた後は，可燃物の滞留を避けるため，ダンパを開放したまま炉内，煙道の換気を行う（ポストパージ）。（教本 2.1.7(2)，最短合格 2.1.7 5 参照）

答え (3)

問 44 選択肢(1)～(4)は，燃焼が停止する状況である。燃焼が停止しないまでも，燃料圧力や噴霧媒体の圧力を検出して，インターロックにより燃料遮断弁を閉じて燃焼を停止する。高い炉内温度は，燃焼を妨げない。（教本 2.1.7(10)，最短合格 2.1.7 4②参照）

答え (5)

問 45

油だきボイラーの煙道内でガス爆発が起こる原因として，正しいものは次のうちどれか。

(1) 未燃ガスが煙道内において，空気と混合するため
(2) 燃焼装置の異常などにより，一次空気が多すぎるため
(3) バーナの点火に失敗し，必要以上に通風を強めて炉内を換気するため
(4) 油の燃焼量が多く，れんが積みが過熱されるため
(5) ダンパの調子が悪く，完全に閉止することができないため

問 46

煙道内のガス爆発の原因となる未燃ガスが多く発生する場合について，誤っているものは次のうちどれか。

(1) 重油バーナにおいて，点火に失敗した場合。
(2) 重油バーナにおいて，空気を増してから燃料を増した場合。
(3) 重油バーナにおいて，燃焼中異常消火した場合。
(4) 一時に多量の燃料を供給した場合。
(5) 消火後も油が流入した場合。

問 45 爆発とは，可燃分が瞬時的に燃焼（酸化）することであり，未燃ガスが存在するところに空気（酸素）が混在すると，何らかの火種により着火して爆発にいたる。

答え (1)

問 46 ボイラー負荷を上昇させる場合，重油バーナにおいて空気を増してから燃料を増すと空気が十分となるため，未燃ガスや未燃分の発生が少なく煙道内ガス爆発の原因となりにくい。ガス爆発及び油漏れによる火災の防止は，教本 2.1.7(7)参照。 答え (2)

5 運転中の障害対策及び使用停止時の取扱い

問 47

逆火（バックファイヤ）の原因として，誤っているのは次のうちどれか。

(1) 逆火は点火時に起こりやすい。
(2) 点火の際に着火が遅れた場合。
(3) 燃焼中の火炎が突然消え，燃焼室の余熱で再び点火した場合。
(4) 空気より先に燃料を供給した場合。
(5) 燃焼用空気が燃料量よりも過剰な場合。

問 48

ボイラーを停止し，ボイラー水を全部排出する場合の措置として，誤っているものは次のうちどれか。

(1) 運転を停止する場合は，ボイラーの水位を常用水位に保つように給水を続け，蒸気の送り出しを徐々に減少する。
(2) 運転停止の際は，押込みファンを止めた後，燃料の供給を停止し，石炭だきの場合は炉内の石炭を完全に燃え切らせる。
(3) 運転停止後は，ボイラーの蒸気圧力がないことを確かめた後，給水弁，蒸気弁を閉じる。
(4) 運転停止後は，ボイラーの蒸気圧力がないことを確かめた後，ボイラー内部が真空にならないように，空気抜き弁，その他蒸気室部の弁を開く。
(5) ボイラー水の排出は，運転停止後，ボイラー水の温度が 90℃以下になってから，吹出し弁を開いて行う。

問 47 不安定な燃焼で未燃の燃料がガス化して炉内に一時滞留すると，それに着火して小爆発を起こし，バーナ口より火を噴出する。これを逆火といい，逆火の防止には不安定な燃焼状態を避けること。燃焼用空気が過剰な場合は，逆火の原因とはならない。（教本 2.1.7(6)，最短合格 2.1.7 [3]参照） 答え (5)

問 48 ボイラーの停止に当たっては，先ず，燃料の供給を停止した後，必要な換気（パージ）を行うことである。（教本 2.3.2(4)，最短合格 2.3.2 [1]参照） 答え (2)

6 圧力計及び水面測定装置

問 49

圧力計の取扱いについて，誤っているものは次のうちどれか。

(1) 圧力計は，目盛りがよく見えるように，ガラスを常に清掃する。
(2) 指針に狂いがないかを調べるときは，圧力計の背面を指先で軽くたたいてみる。
(3) 圧力計の指針の動きに疑いがあるときは，予備の正確な圧力計に取り替えて比較してみる。
(4) 圧力が0のときに残針があるものは取り替える。
(5) 圧力計には，直接蒸気を導入して正確な蒸気圧力を測る。

問 50

水面計の機能試験の方法として，正しい手順は次のうちどれか。

A：上の蒸気コックを開いて，蒸気だけを吹き出させ，噴出状態を見て蒸気コックを閉じる。
B：下の水コックを開いて水だけを吹き出させる。噴出状態を見て水コックを閉じる。
C：ドレンコックを閉じ，蒸気コックを少しずつ開いてガラス管を暖め，次いで水コックを開く。このとき，ガラス管内の水の上昇具合を調べる。
D：上下のコックを閉じ，ドレンコックを開いてガラス管内の気水を出す。

(1) A → B → C → D　(2) B → A → D → C　(3) D → B → A → C
(4) B → A → C → D　(5) D → A → C → B

Ⅱ

問 49 圧力計のブルドン管内に直接蒸気が入り温度が上がると誤差が生じやすくなるので，水が満たされたサイホン管を経由して圧力を導入する。(教本 2.2.1(1)，最短合格 2.2.1 ①参照)
答え (5)

問 50 ガラス水面計の機能試験は，水側及び蒸気側通路の掃除を目的として行う。順序は教本 2.2.2(5)，最短合格 2.2.2 ④参照。
答え (3)

解説

6 圧力計及び水面測定装置

問 51

ガラス水面計の機能試験の時期として，誤っているものは次のうちどれか。

(1) 蒸気圧力が上がり始めたとき。
(2) プライミングが発生したとき。
(3) 2 個の水面計の水位に差異を認めたとき。
(4) ガラス管の取替え等の補修を行ったとき。
(5) ボイラーの底部吹出しを行っているとき。

問 52

水面計のガラス管が破損する原因として，誤っているものは次のうちどれか。

(1) ガラス管がアルカリ腐食などにより損耗したとき。
(2) ガラス管内部にスケールが付着したとき。
(3) ガラス管の温度を急激に変化させたとき。
(4) 上下のコックのパッキン押さえ用ナットを締めすぎたとき。
(5) 上下のコックの中心線が不一致のとき。

問 51 ボイラー底部の吹き出しを行っている時は，水面計により水位を確認しながら行う必要があるので，水面計の機能試験を行う時期ではない。(教本 2.2.4(1)，最短合格 2.2.2 [2]参照)

答え (5)

問 52 ガラス管内部にスケールが付着しても，ガラス管の破損の原因とはならない。ただし，ガラス管のスケール付着は水位の監視が十分にできないので，常に清掃しておく。(教本 2.2.2(2)参照)

答え (2)

問53

ガラス水面計のガラス管を取り替える場合の留意事項として，誤っているものは次のうちどれか。

(1) ガラス管の太さは，パッキン押さえ金具又はナットの穴よりやや細めのものを用いる。
(2) ガラス管の長さは，正確なものを用い，その切口は直角に切る。
(3) ガラス管の上下のパッキン押さえ用ナットは，必ず初めから工具を用い，漏れないように十分に締めつける。
(4) パッキンでガラス管やコックの穴をふさがないように十分注意する。
(5) 上下のコックの中心線が一致していることを確認する。

問53 水面計のガラス管のパッキング押さえナットを初めから工具で強く締めると，管が温まり膨張したとき破損することがあるので，初めは軽く手で閉める。その後，管が暖まったら，工具で軽く増し締めする。（教本 2.2.2(3)参照）

答え (3)

7 安全弁，逃がし弁及び逃がし管

問 54

安全弁の蒸気漏れが生じる原因として，誤っているものは次のうちどれか。

(1) 弁体と弁座のすり合わせが悪い。

(2) 弁体と弁座の間に，ごみなどの異物が付着している。

(3) 弁体と弁座の中心がずれて，接触面の気密性が不均一になっている。

(4) ばねが腐食して，弁体を押しつける力が小さくなっている。

(5) 弁体円筒部と弁体ガイドとのすき間が少なく，熱膨張によって弁体円筒部が固着している。

問 55

安全弁から蒸気が漏れている場合の措置として，誤っているものは次のうちどれか。

(1) テストレバーで弁を上げて一度吹かしてみる。

(2) 弁体と弁座とのすり合わせをしてみる。

(3) ばねを少し締めてみる。

(4) 弁棒が弁体の中心を押しているか調べてみる。

(5) 弁体と弁座との中心が合っているかを調べてみる。

問 54 弁体円筒部と弁体ガイド部とのすき間が小さく，熱膨張などにより密着していると，吹出し圧力になっても安全弁が作動しなくなる。漏れの原因とはならない。（教本 2.2.3(2)，最短合格 2.2.3 [1]参照）

答え (5)

問 55 選択肢(3)のばねを締めるのは吹出し圧力を高めることで，漏れ対策の措置とならない。(1)のテストレバーで弁を一度吹かすのは，弁体と弁座の間に付着している異物などを除くため及び弁座と弁体との接触不良を正すためである。（教本 2.2.3(2)，最短合格 2.2.3 [1]参照）

答え (3)

問 56

安全弁の取扱い上の注意事項として，誤っているものは次のうちどれか。

(1) 安全弁が漏れても，ばねを締め付けてはならない。
(2) 吹出し圧力に達しても吹かない場合は，テストレバーで吹かしてみる。
(3) 設定圧力以下で漏れるときは，テストレバーを動かし当たりを変えてみる。
(4) 安全弁は，どんな場合でも打ったりこじったりしてはいけない。
(5) 安全弁の手動試験は，圧力が高いと弁座が損傷するので，最高使用圧力の50% 以下の場合に行う。

問 57

安全弁が作動しない場合の原因として，適当でないものは次のうちどれか。

(1) ばねを締めすぎている。
(2) 弁と弁座とのすり合わせが悪い場合。
(3) 弁棒が曲がっているため，弁棒と弁棒貫通部が強く接触している。
(4) 弁体円筒部と弁体ガイドとのすき間が少なく，弁体円筒部の動きが悪くなっている。
(5) 弁棒及び弁棒貫通部が腐食して，摩擦が大きくなっている。

問 56 安全弁の吹出し圧力の調整は，ボイラーの圧力を一度，最高使用圧力の 80%程度まで下げ，手動で試験用レバーを上げて蒸気が噴き出すことを確認する。(教本 2.2.3(3)(a)，最短合格 2.2.3 ②参照)

答え (5)

問 57 安全弁が作動しないのは，選択肢(1)と(3)～(5)が原因であり，(2)すり合わせが悪い場合が，弁座と弁体との間にすき間が生じ，蒸気漏れの要因となる。(教本 2.2.3(2)(a)，最短合格 2.2.3 ① B 参照)

答え (2)

7 安全弁，逃がし弁及び逃がし管

問 58

安全弁の調整及び試験において，誤っているものは次のうちどれか。

(1) ボイラーの圧力をゆっくり上昇させて安全弁を作動させ，安全弁の吹出し圧力及び吹き止まり圧力を確認する。
(2) エコノマイザに安全弁が設けられている場合は，ボイラー本体の安全弁より低い圧力で調整する。
(3) 最高使用圧力が異なるボイラーが連絡している場合，各ボイラーの安全弁は，最高使用圧力の最も低いボイラーを基準に調整する。
(4) ボイラーに安全弁が2個設けられている場合は，1個の安全弁を最高使用圧力以下で作動するように調整し，他の安全弁を最高使用圧力の3%増し以下で作動するように調整する。
(5) 安全弁の吹出し圧力が設定圧力よりも低い場合は，いったんボイラーの圧力を設定圧力の80%まで下げ，調整ボルトを締めて再度試験する。

問 58 エコノマイザに安全弁が設けられている場合，ボイラー本体の安全弁より高い圧力に調整する。エコノマイザの安全弁が作動しても，給水がボイラー本体に流入するのを阻害してはならない。(教本 2.2.3(3)(d)，最短合格 2.2.3 ②参照)　**答え (2)**

8 給水装置及び吹出し装置

問 59

吹出し装置取扱者の注意事項として，誤っているものは次のうちどれか。

(1) 運転中のボイラーの底部からの吹出しは，負荷が低いときに行う。
(2) 水冷壁の吹出しは，使用中に行ってはならないが，もし，吹出しを行う必要がある場合には，燃焼を一時停止して行うこと。
(3) 吹出し弁又は吹出しコックを急激に開き，スラッジの排出をよくすること。
(4) 吹出し作業を行っている間は，他の作業を行ってはならない。
(5) 2 基以上のボイラーが並んでいる場合には，吹出しを実施しようとするボイラーの吹出し弁（吹出しコック）であることを確認すること。

問 60

「ディフューザポンプを起動する場合には，吸込み弁を全開し，ポンプ駆動用電動機を運転する。ポンプ内の回転及び水圧が正常になったら［ A ］を徐々に開く。このとき［ B ］を見て異常のないことを確かめる。」
上文中の［　　］内に入れる A 及び B の用語の組合せとして，正しいものは次のうちどれか。

	A	B
(1)	整水弁	回転計
(2)	蒸気止め弁	圧力計
(3)	蒸気入口弁	温度計
(4)	吐出し弁	電流計
(5)	吹出し弁	安全弁

問 59 (1)については，問 29 の解説を参照。吹出し弁又は吹出しコックを急激に開くとボイラー水位が乱れるので，吹出し弁は徐々に開かなければならない。(教本 2.2.4(2)，最短合格 2.2.4 [1]参照)
答え (3)

問 60 ディフューザポンプの起動に際しては，吐出し弁を全閉にして行う。吐出し弁が開いていると，多量の水が流れ電動機が過負荷になる。電動機が過負荷とならないように電流計を監視しながら，吐出し弁を徐々に開く。(教本 2.2.5(2)(b)，最短合格 2.2.5 [1]参照)
答え (4)

Ⅱ

解説

8 給水装置及び吹出し装置

問61

ディフューザポンプの取扱い上の留意事項として，誤っているものは次のうちどれか。

(1) 空気を吸い込むと，ポンプ能力が低下するので，吸込み側のパッキンを点検する。
(2) から運転は，ポンプの内部を焼き付かせるおそれがあるので，行ってはならない。
(3) グランドパッキンシール式の軸からの水漏れは給水能力に関係するので，水が滴下しないようにパッキンをしっかり締めておく。
(4) ポンプの運転状態に対応する負荷電流が適正値であることを確認する。
(5) 軸受部がメカニカルシール式のものについては，軸からの水漏れがないことを確認する。

問62

給水装置の取扱いの記述として，誤っているものは次のうちどれか。

(1) ディフューザポンプは，吸込み側の軸グランドから少し空気が漏入しても，ポンプ運転上支障はない。
(2) 給水止め弁や逆止め弁は，弁座が損傷していることがあるので，定期的に分解整備する。
(3) 給水ポンプの吐出し側に圧力計を取り付け，給水圧力によって給水管系における異常を早めに予知する。
(4) 給水タンクは定期的に清掃し，給水中に有害な不純物や泥，砂，ごみ等が混入しないようにする。
(5) 給水ポンプの吐出し弁を閉じたまま長く運転すると，ポンプ内の水温が上昇し過熱を起こす。

問61 グランドパッキンシール式のものにあっては，運転中に少量の水が滴下する程度にパッキンを締めておき，締め代が残るようにする。（教本 2.2.5(2)(a)，最短合格 2.2.5 1 参照）

答え (3)

問62 吸込み口からの空気漏入は，ポンプ能力を低下させるのと，ポンプ内の水膜が切れることから振動の要因となる。（教本 2.2.5(2)(a)参照）

答え (1)

9 自動制御装置

問 63

油だきボイラーにおいて，燃焼中のバーナが突然消火した。その原因として，誤っていると考えられるのは次のうちどれか。

(1) 水位が低下して，低水位遮断器が作動した。

(2) 火炎検出器が火炎を検出しなくなった。

(3) 停電した。

(4) ボイラー負荷が増加した。

(5) バーナが詰まった。

問 64

火炎検出器の点検整備についての説明として，誤っているものは次のうちどれか。

(1) 火炎検出器は疑似火炎を検出しないよう，感度を点検する。

(2) 火炎検出器の種類によっては，保護ガラスに特殊なものを使用しなければならない。

(3) 火炎検出器の種類によっては，感度が高く受光面を清掃する必要のないものがある。

(4) フレームロッドの場合は，絶縁用支持がいしの汚れ及び割れのないことを確認する。

(5) 火炎検出器の検出素子の取付けには，緩みがないようにする。

II

問 63 燃焼中のバーナが突然消火するのは，バーナのノズルが詰まるなどの燃焼装置の異常のほか，水位の低下，圧力の異常上昇，通風機の故障，火炎の喪失などボイラー本体及び関連補機の異常により，インターロックが働いて燃焼が停止する時である。負荷の増加では，通常インターロックによりボイラーを停止させない。 答え (4)

問 64 火炎検出器は感度が高くても受光面が汚れている場合は，火炎の検出不良となるので，受光面を清掃し汚れを取り除いておかなければならない。(教本 2.2.6(5)(b)参照)

答え (3)

解説

9 自動制御装置

問65

自動制御装置に関する説明として，誤っているものは次のうちどれか。

(1) 機器自体及び部品は，故障が起こりにくいものであるので，周囲の温度，湿度，ほこり，振動などに留意する必要はない。

(2) 低水位，不着火，異常消火などの異常状態が生じた場合には，インタロックが働き，燃料を遮断するものでなければならない。

(3) 定期的又は必要に応じ，電気配線の端子をドライバなどで締め直す。

(4) 1年に1回以上，リレーやコントロールモータなどの接点を掃除する。

(5) 電気部品で，専門知識を必要とするものの補修と調節は，製造者など専門家に依頼すべきである。

問66

オン・オフ制御の圧力調節器を備えたボイラーで，運転中突然，燃焼が停止して警報を発した場合の説明として，誤っているものは次のうちどれか。

(1) 火炎検出器がすすなどで汚れた。

(2) 蒸気圧力がオフ圧力に達して圧力調節器が作動した。

(3) 低水位インタロックが異常を検出し作動した。

(4) 油ストレーナが詰まって消火した。

(5) 火炎検出器がれんがの脱落で遮閉された。

問65 自動制御装置は周囲の温度，湿度，ほこりや振動に留意し，点検，清掃，機能試験及び必要により補修を行わないと作動不良となり，事故につながる。　**答え (1)**

問66 オン・オフ制御の圧力調節器では，設定圧力で燃焼が開始し，オフ圧力で燃焼が停止する。ただし，この場合は，ボイラーの異常ではないので，警報は発しない。なお，オン・オフ制御の圧力調節計を圧力制限器として用い，オフ圧力よりも高い異常圧力に上昇して燃焼を停止させる場合には警報を発する。（教本 1.9.2(2)，1.9.4(1)(b)参照）

答え (2)

問 67

ボイラーの水位検出器の点検・整備について，誤っているものは次のうちどれか。

(1) フロート式では，1 日 1 回以上，作動を確認するため，フロート室のブローを行う。
(2) 電極式では，1 日 1 回以上，水の純度の低下による電気伝導率の上昇を防ぐため，検出筒内のブローを行う。
(3) 電極式では，1 日 1 回以上，実際にボイラー水の水位を上下させ，水位検出器の作動状況を確認する。
(4) 電極式では，1 年に 2 回程度，検出筒を分解し内部掃除を行うとともに，電極棒を目の細かいサンドペーパーで磨く。
(5) フロート式のマイクロスイッチ端子間の電気抵抗をテスターでチェックする場合は，スイッチ閉のときは抵抗がゼロで，開のときは無限大であることを確認する。

問 68

自動制御ボイラーで，正常に起動しないか，又は着火できなかった原因として，誤っているものは次のうちどれか。

(1) 蒸気圧力が低下していた。
(2) 火炎検出器が火炎を検出できなくなっていた。
(3) 点火用電極とバーナとの関係位置が適切でなかった。
(4) 燃料と供給空気の調節が適切でなかった。
(5) 低水位インタロックが作動していた。

問 67 電極式水位検出器では，検出筒上部の蒸気が凝縮して水となり，検出筒の下部に降下する。ボイラー水に比べ，蒸気は不純物が少ないため，検出筒の水が純度の高い凝縮水に置換される。純水は不電導性のため，純度の高い水は電気伝導率が低いので，電極に流れる電流を低下させて水位の検出を低下させる。（教本 2.2.6(4)(a)(b)参照）
答え (2)

問 68 バーナが起動できない（燃料の供給ができない）条件としては，点火時の空気量が不適切，点火装置が不適切で点火が不十分となり，着火に失敗すること，ボイラーが低水位などの異常状態にあるときであり，点火前に蒸気圧力が低下しているのは異常状態ではない。
答え (1)

9 自動制御装置

問 69

自動燃焼装置の起動スイッチを入れプレパージを開始したところ，それぞれの状態が次のようであった。異常と思われるものはどれか。

(1) ファン → 作動している。
(2) 燃料遮断弁 → 開いている。
(3) 噴燃ポンプ → 作動している。
(4) 火炎検出器 → 作動している。
(5) 点火用トランス → 通電していない。

問 70

オンオフによる蒸気圧力制御を行っているボイラーで，蒸気圧力が上昇しない原因として，誤っているものは次のうちどれか。

(1) オンオフ式蒸気圧力調節器の接点が閉じていない。
(2) 燃料調節弁（電磁弁）が作動しない。
(3) 燃料調節弁（電磁弁）を開くための信号が伝わらない。
(4) フロート式水位検出器が常用水位を指示している。
(5) オンオフ式蒸気圧力調節器への電気配線が切れている。

問 69 プレパージは燃料を供給し点火する前に，炉内及び煙道部の可燃ガスを排出するためであるので，燃料遮断弁は閉じていなければならず，開いているのは異常である。(教本 2.1.4(2)(b)，図 2.1，最短合格 2.1.4 [2]，図 2.1.7 参照）　答え (2)

問 70 水位検出器は圧力制御に関係しない。ただし，ボイラー水位が安全低水面以下になったと水位検出器が検出した場合は，蒸気圧力が低くても，インターロックにより，燃料調節弁（電磁弁）は閉となる。(最短合格 1.8.4 [1] A 参照）　答え (4)

問 71

オンオフによる温水温度制御を行っているボイラーで，温水温度がオフ温度に達しても燃焼が停止しない理由として，誤っているものは次のうちどれか。

(1) 液封式温度調節器のベローズが破損し，封入液が漏れている。
(2) 電気配線に損傷がある。
(3) 温度検出器の感温部の取付けが不完全で，抜けかかっている。
(4) 燃料弁（電磁弁）が故障して開いたままになっている。
(5) 圧力調節器が故障して作動しない。

問 72

フロート式水位検出器のフロート室のブローを１日１回は行わなければならない理由として，正しいものは次のうちどれか。

(1) フロートの作動を点検する。
(2) フロート室に付着したスケールを除去する。
(3) ボイラー水の採取を行う。
(4) 燃料を遮断する。
(5) 給水ポンプを運転させる。

問 71 温度制御に圧力調節器は関係しない。（教本 2.2.6(2)(a)，最短合格 1.8.4 ②参照）
答え (5)

問 72 フロート室のブローを１日に１回実施するのは，作動の確認を行うためである。フロート室に付着したスケールや堆積したスラッジの除去は，１年に２回ほどフロート室を解体して行う。（教本 2.2.6(4)(a)参照）
答え (1)

9 自動制御装置

問73

燃焼装置に使用するリンク装置についての記述として，誤っているものは次のうちどれか。

(1) コントロールモータの動きを，燃料調節弁と燃焼用空気ダンパに伝えるためのものである。
(2) これを調節することによって，燃料油量と燃焼用空気量を同時に調整して良好な燃焼を維持することができる。
(3) この調節が悪いと燃焼不良の原因になる。
(4) リンク装置の調節が悪い場合でも，バーナタイルを損傷することはない。
(5) この調節が悪い場合，異常消火，カーボンの付着等の事故原因になる可能性がある。

問74

自動制御機器の取扱いについての説明として，誤っているものは次のうちどれか。

(1) 燃料遮断弁は定期的に漏れ検査を行い，その機能を確認する。
(2) フロート式水位検出器は，1日1回以上フロート室の吹出しを行う。
(3) 火炎検出器は強い衝撃を加えても，故障を生じることがない。
(4) 圧力調節器のベローズの漏れは，器体の底部への水分，鉄さびなどの付着で発見できる。
(5) 主安全制御器は，プラグイン（差し込み式）されている部品に取付けの緩みがあると，作動が不安定になることがある。

問73 比例式調節器でのリンク機構は，コントロールモータの動きを燃料調節弁及び燃焼用空気ダンパに伝えるものであり，この調整が悪いと燃焼不良，異常消火，バーナタイルの損傷などを起こす。(教本 1.9.4(3)(b)参照)　答え (4)

問74 火炎検出器に強い衝撃を加えると，本体検出素子の取付けの緩みやシールガラスの損傷などを起こす。(教本 2.2.6(5)参照)　答え (3)

問 75

点火装置の取扱いについての説明として，誤っているものは次のうちどれか。

(1) 点火用電極の間げきは，製造者の指示した値に保つことが必要である。
(2) 絶縁がいしは，汚れや割れが生じないように注意する。これは汚れや割れを通して電流が漏れ，スパークが弱まるのを防止するためである。
(3) 点火用燃料の圧力が高すぎると，点火炎が短炎になったり，逆火を引き起こしやすくなる。
(4) 点火を安全に，しかも円滑に行うためには，点火炎の長さや火勢が安定していなければならない。
(5) 点火用電極の間げきが広すぎると，点火用変圧器が焼損することがある。

問 76

ポストパージの目的についての説明として，正しいものは次のうちどれか。

(1) 蒸気圧力の上昇を防ぐ。
(2) 炉内を冷却する。
(3) 炉内の耐火物を保護する。
(4) 燃料油の温度を下げる。
(5) 炉内及び煙道内の未燃焼ガスを排除する。

問 75 点火用燃料圧力が高すぎると，点火炎がノズルから離れ，点火燃料の燃焼が不安定となる。反対に，低すぎると点火炎が短炎となり，点火遅れによる逆火のおそれがある。(教本 2.2.6(6)参照)
答え (3)

問 76 ポストパージは燃焼を停止した後，炉や煙道に残った未燃ガスをパージするために行うものである。(教本 2.1.8(2)，最短合格 2.1.8 [2]参照)
答え (5)

10 ボイラーの保全

問77

ボイラーの外面の掃除に関する次の記述のうち，正しいものはどれか。

(1) 煙道の掃除口のふたを開けるときは，ボイラーの冷却前に行う。
(2) 煙道にたい積した灰は，水で流して完全に除去する。
(3) 灰に水をかけるときは，灰に熱があるうちに行う。
(4) 掃除は，ボイラー本体の地肌が出ない程度に行う。
(5) 炉，煙道内のダンパは適正に開いておく。

問78

ボイラー掃除のため，ボイラー水を排出する場合の取扱いに関する次の記述のうち，誤っているものはどれか。

(1) 自然通風の場合は，ダンパを半開きにし，たき口及び空気口を開いて炉内を冷却する。
(2) ボイラー水は，少なくとも 90℃以下まで冷却してから排出する。
(3) 大型ボイラーは，ボイラーの急冷による損傷を防止するため，製造者の指定する冷却方法を守る。
(4) 圧力が残っているうちに吹出し弁を開いて，ボイラー水を完全に排出する。
(5) 圧力がなくなってから空気弁を開いて，ボイラー内に空気を送り込み，内部が真空になることを防ぐ。

問77 煙道の掃除口は，内部を冷却した後に開き，ダンパを適正に開いて通風を持たせて掃除を行う。灰は可能な限り除去するが，灰に水をかけて冷やすと，灰の内部が熱い場合には，水蒸気が発生し火傷などの原因となる。(教本 2.3.2(6)参照)　**答え (5)**

問78 圧力が残っているうちに，吹出し弁を開いてボイラー水を排出すると，多量の水が短時間に排出され，ボイラーが急冷されることがある。(教本2.3.2(4)，最短合格2.3.2[1]参照)　**答え (4)**

問 79

マンホールのふた板の密閉方法に関する次の記述のうち，誤っているものはどれか。

(1) ボルトを締めるスパナは，適正な長さの柄のものを使用する。
(2) マンホールのふたは片寄りしないように締め付け，ボイラーを運転し始めて昇圧したとき増し締めをする。
(3) 多数のボルトを締めるときは，締付けが平均になるように締める。
(4) ふたを締める前に，ボイラー内に人がいないか声をかけて確かめる。
(5) ガスケットは厚いものを使用して，増し締めができるものとする。

問 80

ボイラーの酸洗浄の説明として，誤っているものは次のうちどれか。

(1) 酸洗浄は，防食のために行う。
(2) 本体に取り付けられている附属品を取り外して行う。
(3) 塩酸が多く用いられている。
(4) 洗浄液に抑制剤を添加して行う。
(5) 循環ポンプにより，洗浄液をボイラー内に一様に循環させて行う。

問 79 ガスケット接触面は，完全に仕上げられていることを確認し，良質の薄手のガスケットを幅広く当ててマンホールを閉める。(教本 2.3.2(5)(c)(ii)参照) 答え (5)

問 80 酸洗浄は，ボイラー内部に付着したスケールを溶解除去するためのもので，スケールの厚さや単位面積当たりの付着量が増したとき，ボイラー内部の機械的掃除が困難な場合に行う。(教本 2.3.2(8)，最短合格 2.3.2 5参照) 答え (1)

10 ボイラーの保全

問81

新設ボイラーを初めて使用する前に行うアルカリ洗浄の目的として，正しいものは次のうちどれか。

(1) ボイラーの内面にスケールが付着しないようにする。
(2) ボイラー内面に付着している油脂を除去する。
(3) ボイラーの強度を増す。
(4) 材料の劣化を防ぐ。
(5) スラッジがたまるのを防ぐ。

問82

ボイラーの内面（水側）掃除についての説明として，誤っているものは次のうちどれか。

(1) スケール，スラッジによるボイラー効率の低下を防止する。
(2) 穴や管の閉そくによる安全装置，自動制御装置，その他の運転機能障害を防止する。
(3) 内面に薄くついたスケールは，防食のため除去しない。
(4) スケール，スラッジによる過熱の原因を除く。
(5) ボイラー水の循環阻害を防止する。

問81 アルカリ洗浄（ソーダ煮）は，製造中又は建設中にボイラー内部に付着した油脂，ペンキ類などを除去するためのものである。（教本 2.3.3(1)参照）　答え (2)

問82 スケールはボイラー水への伝熱を妨げ，管の温度を高める。薄いスケールでは管の温度上昇は少ないが，スケールの下部（スケールと管の間）でボイラー水を濃縮させ，腐食の要因となることがある。（教本 2.3.2(1)，最短合格 2.3.2 ②参照）　答え (3)

問 83

ボイラー休止中の保存法についての説明として，誤っているものは次のうちどれか。

(1) 満水保存法は，休止期間が 3 か月程度以内の場合に採用する。

(2) 満水保存を行っているボイラー水に，鉄分が多く溶出してきたら，一度ボイラー水を全ブローし，新しく規定濃度の薬剤を注入した水で満水にする。

(3) 乾燥保存法は，吸湿剤を容器に入れてボイラー内の数か所に配置し，密閉したら次の起動までボイラーを開放しない。

(4) 乾燥保存の場合には，吸湿剤としてシリカゲルや活性アルミナなどを用いる。

(5) ボイラー内に蒸気や水が漏れ込まないように，蒸気管，給水管等は確実に外部との連絡を断つようにする。

問 84

取扱っているボイラーについて自主的に検査を行う場合として，誤っているものは次のうちどれか。

(1) 法定検査を受ける前（予備検査として）。

(2) 中間清掃を行ったとき。

(3) 給水ポンプが故障したとき。

(4) 炉，煙道等のれんが積みなどを修理したとき。

(5) 漏れやその他の障害が生じてボイラーを休止したとき。

問 83 ボイラーの乾燥保存の場合，吸湿剤をボイラー内に配置して密閉するが，1~2 週間後，吸湿剤の状態を点検し，その結果により，吸湿剤の増加又は取替えを行う。（教本 2.3.4，最短合格 2.3.4 ① B 参照）　答え (3)

問 84 定期自主検査は 1 ヶ月以内ごと（小型ボイラーでは 1 年以内ごと）に行い，その記録を 3 年間保存しなくてはならない。自主検査は，ボイラーが休止したときを利用して，可能な限り点検内容を拡充することが望ましい。（教本 2.3.5(2)参照）給水ポンプが故障しても，予備の給水装置でボイラーの運転を続けることがある。　答え (3)

11 ボイラー用水及び水管理

問 85

ボイラーに使用する水についての説明として，誤っているものは次のうちどれか。

(1) 使用される原水には，水道水，河川水，井戸水，湖沼水などがある。

(2) 水道水は，浄水場で有害な不純物が完全に除去されているので，水処理は必要ない。

(3) 水道水，河川水，井戸水など，いずれの原水にも種々の有害な不純物を含んでいる。

(4) 原水をそのままボイラーに給水した場合，又は水処理を行ってもそれが不適合である場合には，ボイラーにおいて各種の障害を起こす。

(5) 原水中に含まれる不純物の種類には，大別すると溶存気体，全蒸発残留物がある。

問 86

ボイラー用水についての説明として，誤っているものは次のうちどれか。

(1) 一般に，地下水は地表水に比較して，溶解物質が少ない。

(2) 地表水の水質は，季節や雨量によって変化しやすい。

(3) 工業用水は，飲料用水道水のような塩素殺菌処理は行われていないのが普通である。

(4) 復水とは，蒸気が配管や使用設備を経て凝縮した再用水，又は還水のことである。

(5) 水道水は，飲料水として適するように処理したものである。

問 85 水道水は飲料用を目的として，塩素で滅菌処理してある。ただし，硬度成分等は除去されていないので，低圧のボイラー以外は軟化装置等を用いて処理する必要がある。(教本 2.4.1(2)，最短合格 2.4.1 参照)
答え (2)

問 86 一般に地下水は，雨や雪が地下に浸透する際，地中の不純物を多く吸収するので，地表水より溶解物質が多い。(教本 2.4.1(1)参照)
答え (1)

問 87

ボイラーの水管理に関する説明として，誤っているものは次のうちどれか。

(1) mg/L は，濃度を示す方法の一つで，ボイラー水の水質試験によく使用される。
(2) 全硬度は，水に含まれるカルシウムイオン及びマグネシウムイオンとの量を炭酸カルシウムに換算して表す。
(3) 水は，常温（25℃）で pH が 8 であれば，中性である。
(4) pH が 7 を超える水は，アルカリ性である。
(5) 酸消費量は，水中に含まれる水酸化物，炭酸塩，炭酸水素塩などのアルカリ分を示すものである。

問 88

ボイラーの水に関する説明として，誤っているものは次のうちどれか。

(1) 水中に溶解するガスとしては，酸素，二酸化炭素が主なもので，ボイラーの腐食の原因となる。
(2) 全蒸発残留物には，カルシウム，マグネシウム化合物，シリカ化合物，塩化ナトリウム及び懸濁物などがある。
(3) スラッジは，主に炭酸カルシウムや水酸化マグネシウム等の軟質沈殿物である。
(4) カルシウムやマグネシウム塩類を多く含んでいる水ほど，ボイラーの給水として適している。
(5) 溶解性蒸発残留物は濃縮され，スケールやスラッジになる。

問 87 水は 25℃のとき，pH が 7 であれば中性であり，pH 7 を超えればアルカリ性で，pH 7 未満は酸性である。（教本 2.4.3，最短合格 2.4.3 参照）
答え (3)

問 88 ボイラー給水中の溶解性蒸発残留物は，ボイラー水中で濃縮され，スケール，スラッジの原因となる。特に，カルシウムやマグネシウムの硬度成分は，スケール付着の要因となる。（教本 2.4.4(2)，最短合格 2.4.4 参照）
答え (4)

11 ボイラー用水及び水管理

問 89

ボイラー水中の不純物について，誤っているものは次のうちどれか。

(1) 溶存気体の O_2 は，鋼材の腐食の原因となる。

(2) 溶存気体の CO_2 は，鋼材にアルカリ腐食を発生させる。

(3) 全蒸発残留物は，ボイラー内で濃縮し，スケールやスラッジとなり，腐食や伝熱管の過熱の原因となる。

(4) 全蒸発残留物の量は，水中の溶解性蒸発残留物と懸濁物の合計量である。

(5) 懸濁物には，りん酸カルシウムなどの不溶物質，微細なじんあい，エマルジョン化された鉱物油などがある。

問 90

ボイラー水中に含まれる不純物で，キャリオーバ（ホーミング，プライミングなど）を誘発しないものは次のうちどれか。

(1) 油脂

(2) 水酸化ナトリウム

(3) 硫酸カルシウム

(4) けい酸マグネシウム

(5) 二酸化炭素

問 89 CO_2 は pH を低下させ，腐食を促進するが，アルカリ腐食の要因とはならない。アルカリ腐食とは，高温環境下で水中の水酸化ナトリウム（NaOH）濃度が上昇して生じる腐食である。（教本 2.4.4(3)，最短合格 2.4.4 ②参照） 答え (2)

問 90 ボイラー水中の不純物（固形分）濃度が高いと，キャリオーバを生じやすい。したがって，適切に吹き出しを行い，ボイラー水中の不純物濃度を管理しなければならない。ボイラー水中に溶存している酸素や二酸化炭素は腐食の要因となるが，気体なのでキャリオーバには関与しない。（教本 2.4.4(4)参照） 答え (5)

問 91

スケール及びスラッジについての説明として，誤っているものは次のうちどれか。

(1) 給水中の溶解性蒸発残留物は，ボイラー内で次第に濃縮され，飽和状態となって析出し，スケールとなって伝熱面に付着する。
(2) スケール成分の中には，ボイラー胴や水管，煙管などを腐食させる物質がある。
(3) 懸濁物は，リン酸カルシウムなどの不溶物質，微細なじんあいなどがあり，キャリオーバの原因となる。
(4) スケールは，炭素鋼に比較して熱の伝導性がよい。
(5) スラッジは，主にカルシウム，マグネシウムの炭酸水素塩が加熱によって分解して生じた炭酸カルシウムや水酸化マグネシウム等の軟質沈殿物である。

問 92

給水中の溶存酸素がボイラーに与える影響として，正しいものは次のうちどれか。

(1) 鋼板，管板などを腐食させる。
(2) ホーミングを起こさせる。
(3) プライミングを起こさせる。
(4) 伝熱面にスケールを付着させる。
(5) 乾燥蒸気を発生させる。

問 91 スケールの熱伝導率は，炭素鋼の 1/20～1/100 と極めて低いため，スケールの付着は伝熱を阻害し，伝熱面の過熱や排ガス温度の上昇をもたらしボイラー効率を低下させる。(教本 2.4.4(2)(b)，最短合格 2.4.4 1参照)

答え (4)

問 92 給水中の溶存酸素はボイラーに持ち込まれ，鋼材の腐食の要因となる。(教本 2.4.4(1)(a)，最短合格 2.4.4 2参照)

答え (1)

11 ボイラー用水及び水管理

問93

水管理の目的についての説明として，誤っているものは次のうちどれか。

(1) アルカリ腐食を防止する。

(2) 伝熱面におけるスケールの生成付着を予防する。

(3) キャリオーバ（ホーミング，プライミングなど）を防止する。

(4) ウォータハンマを防止する。

(5) 腐食の発生を防止する。

問94

ボイラーの内面腐食について，誤っているものは次のうちどれか。

(1) 給水中に含まれている O_2，CO_2 は，鋼材の腐食の原因となる。

(2) 腐食は，一般に電気化学的作用などにより生じる。

(3) アルカリ腐食は，高温のボイラー水中で濃縮した水酸化ナトリウムと鋼材が反応して生じる。

(4) ボイラー水の酸消費量を調整することによって，腐食を抑制する。

(5) ボイラー水の pH を中性に調整することによって，腐食を抑制する。

問93 水管理は，教本 2.4.4(2)～(4)の障害を防止するためのものである。キャリオーバを防止することによって，ウォータハンマを少なくすることができるが，ウォータハンマの原因はキャリオーバのみでない。

答え (4)

問94 ボイラー水の pH の値は，内部腐食の度合いに影響を与える。一般に，ボイラー水の pH をアルカリ性に維持して腐食を抑制する。（教本 2.4.6 表 2.6，最短合格 2.4.4 2 参照）

答え (5)

問 95

常用圧力 1 MPa 以下のボイラーの給水として，最も適しているものは次のうちどれか。

(1) pH 2〜4 の水　(2) pH 4〜5.8 の水
(3) pH 9〜10 の水　(4) pH 5.8〜9 の水
(5) pH 11〜11.8 の水

問 96

スケールの付着を防止する方法として，誤っているものは次のうちどれか。

(1) 水質を調べて，なるべく不純物の少ない水を選ぶ。
(2) 適当な清缶剤（薬剤）を使用する。
(3) ボイラー水の吹出しを適度に行う。
(4) 給水軟化装置の性能をよく点検する。
(5) 常用水面を保つように，給水をなるべく連続的に行う。

問 97

低圧ボイラーにおいて，ボイラー水の酸消費量（アルカリ度），pH の調整を目的に用いる薬剤は次のうちどれか。

(1) ヒドラジン　(2) タンニン
(3) 硫酸マグネシウム　(4) 亜硫酸ナトリウム
(5) 水酸化ナトリウム（か性ソーダ）

問 95 ボイラー給水の pH は，7 以上のアルカリ性が好ましい。ただし，pH が高すぎるとアルカリ腐食などを起こす。JIS B 8223 の推奨値では，常用圧力 1〜2 MPa 以下の低圧ボイラーの給水の pH は 5.8〜9.0 となっているが，低圧ボイラーでは無処理で給水することもあるので，若干の酸性の給水も可としたものである。(教本 2.4.6 表 2.6 参照) **答え (4)**

問 96 ボイラー水位の維持は，スケール付着の防止に関係ない。 **答え (5)**

問 97 ボイラー水の pH は，給水の pH より高く保たなければならない。(教本 2.4.6 表 2.6 参照）低圧のボイラーでは，酸消費量と pH の調整剤に水酸化ナトリウム又は炭酸ナトリウムが用いられる。(教本 2.4.6(3)，最短合格 2.4.6 [2]参照）常用圧力が 2〜5 MPa では，水酸化ナトリウムとりん酸ナトリウムが用いられる。 **答え (5)**

11 ボイラー用水及び水管理

問98

ボイラー清缶剤の使用目的についての説明として，誤っているものは次のうちどれか。

(1) スケールの生成を少なくする。
(2) スケールの性状を軟化させる。
(3) ボイラー給水中の溶存酸素を除く。
(4) ボイラー水の濃縮を防ぐ。
(5) ボイラーの腐食を防止する。

問99

ボイラー清缶剤を使用する主な目的についての説明として，正しいものは次のうちどれか。

(1) ボイラー水中の鉄分を除く。
(2) ボイラー水中の不純物を溶かす。
(3) ボイラー水を軟化して硬度成分を沈殿，吹出しにより排出する。
(4) ボイラー水を軟化して吹出しによる熱損失を防ぐ。
(5) ボイラー水中の塩化物イオンを除く。

問98 清缶剤の使用目的は，(4)を除く(1)～(5)のとおりである。ボイラー水の濃縮を防ぐには，吹出し量を適正に調節する必要がある。(教本 2.4.6(2)～(5)，最短合格 2.4.6 [3]参照)

答え (4)

問99 清缶剤では，ボイラー水中の不純物を除くことはできない。清缶剤は，腐食やスケールの付着等の要因を除くために使用する。(教本 2.4.6(3)，最短合格 2.4.6 [2]参照)。

答え (3)

問 100

ボイラー系統内処理において，ボイラー清缶剤の基礎投入の説明として，正しいものは次のうちどれか。

(1) ボイラー水の蒸発に伴って，必要となる補給水量に応じて清缶剤を投入すること。
(2) ボイラーはまだ蒸発を始めていないので，少量の清缶剤を投入すること。
(3) ボイラー水を新しく張り込んだときに，防食を目的として比較的多量の清缶剤を投入すること。
(4) ボイラー水の軟化剤を，水槽又は補助タンクに比較的多量に投入すること。
(5) ボイラー水の間欠吹出し後，多量の清缶剤を補給すること。

問 101

中低圧ボイラーのボイラー水の脱酸素剤として，有効な薬剤は次のうちどれか。

(1) 炭酸ナトリウム
(2) りん酸ナトリウム（りん酸三ナトリウム）
(3) 亜硫酸ナトリウム
(4) 水酸化ナトリウム
(5) 塩化ナトリウム

問 100 清缶剤の基礎投入は，ボイラーに新しく水を張り込んだときに，比較的多量の清缶剤を投入するものである。通常の運転中に，ボイラー水の給水量に応じて投入するものを補給投入という。（教本 2.4.6(2)参照）

答え (3)

問 101 中低圧ボイラーの脱酸素剤には，亜硫酸ナトリウムが使用されるが，高圧のボイラーには，溶解性蒸発残留物の増加を避けるため，ヒドラジンが多く用いられる。ただし，ヒドラジンの取扱いには注意を要する。（教本 2.4.6(3)(d)，最短合格 2.4.6 ②参照）

答え (3)

11 ボイラー用水及び水管理

問 102

ボイラー用水中の溶存気体を，ボイラー外において除去する方法についての説明として，正しいものは次のうちどれか。

(1) 化学的脱気法は，水中のアンモニアガスを除去するのが主目的である。

(2) 真空脱気法の主目的は，水中の一酸化炭素を除くことである。

(3) 加熱式（加圧式）脱気法は，脱気器内に給水を散布して100℃以上に加熱し，その熱により給水中の溶存酸素を分離除去する方法である。

(4) 給水を噴霧して主として水中の二酸化硫黄を除去する脱気法は，物理的脱気法の一種である。

(5) 脱気法とは，キャリオーバした蒸気中の水分を除去する機械的方法である。

問 103

イオン交換法についての説明として，誤っているものは次のうちどれか。

(1) 不溶性多孔質の固体で，自身がもつイオンを他のイオンと交換できる物質をイオン交換体という。

(2) イオン交換法には，大別して単純軟化，脱炭酸塩（脱アルカリ）軟化及びイオン交換水製造がある。

(3) イオン交換処理水は，脱酸素の必要はない。

(4) 単純軟化法は，Na 形強酸性陽イオン交換樹脂を用いる。

(5) Na 塔の再生には食塩を用いる。

問 102 ボイラー給水中の溶存酸素や二酸化炭素を除くには，脱酸素剤を使用する化学的脱気法と物理的に脱気する方法がある。物理的に脱気するには加熱脱気法，真空脱気法及び膜脱気法などがある。（教本 2.4.6(1)，最短合格 2.4.6 [1]参照）　**答え (3)**

問 103 イオン交換法は，イオン交換樹脂が持つイオンと他のイオンと交換して溶解性蒸発残留物を除去するもので（ただし，単純軟化法はカルシウム，マグネシウムイオンをナトリウムイオンに置換），気体の除去はできないため，イオン交換処理水でも脱酸素は必要である。（教本 2.4.5(2)(2.1)，最短合格 2.4.5 [2] A 参照）　**答え (3)**

問 104

単純軟化法の目的についての説明として，正しいものは次のうちどれか。

(1) 硬度成分を除去し，ボイラーに硬度成分に起因するスケールを付着させないようにする。

(2) 給水中の硬度成分を水に分解させ，ボイラーの腐食を防止する。

(3) 給水中の溶存酵素を除去する。

(4) ボイラー水の濃縮を防ぐ。

(5) 設備費が高価なため，特殊な高圧ボイラーの給水に使用される。

問 105

単純軟化装置についての説明として，正しいものは次のうちどれか。

(1) 単純軟化装置は，純粋な水を作るための装置である。

(2) 単純軟化装置の樹脂の再生には，酸洗いを行う。

(3) 単純軟化装置は，高圧ボイラー用としては給水処理上，不十分である。

(4) 単純軟化装置を中低圧ボイラー用として設置した場合は，樹脂の再生の必要はない。

(5) 単純軟化装置の逆洗は，流速をできるだけ遅くしないと効果が少ない。

問 104 単純軟化装置は，カルシウムとマグネシウムの硬度成分をナトリウムに置き換え，硬度成分によるスケールの付着を抑える。(教本 2.4.5(2)(2.1)(a)，最短合格 2.4.5 [2] A 参照)

答え (1)

問 105 単純軟化装置は，カルシウムとマグネシウムの硬度成分をナトリウムに置き換えるので，蒸発残留物の低減にはならない。したがって，純度の高い水を必要とする高圧ボイラーには，単純軟化処理水では不十分である。(教本 2.4.5(2)(2.1)(a)(c)参照)

答え (3)

メモ

III

燃料及び燃焼に関する知識

1 燃料概論

問 1

「燃料の工業分析とは，[　A　]の水分，灰分，及び[　B　]を定量し，残りを[　C　]として算出することをいう。」
上文中の[　　　]内に入れる A，B 及び C の用語の組合せとして，正しいものは次のどれか。

	A	B	C
(1)	液体燃料	揮発分	硫黄分
(2)	固体燃料	揮発分	固定炭素
(3)	気体燃料	窒素分	二酸化炭素
(4)	気体燃料	炭化水素	発熱量
(5)	固体燃料	炭素分	硫黄分

問 2

「燃料の元素分析は炭素，水素，窒素及び硫黄の 4 成分を分析し，[　　　]は 100 から 4 成分を差し引いて求められ，質量（%）で表される。」
上文中の[　　　]内に入れる用語として，正しいものは次のうちどれか。

(1) 固定炭素　　(2) 塩素　　(3) 鉄分
(4) 揮発分　　(5) 酸素

問 1 固体燃料（主に石炭）の燃焼特性をあらわすものとして，工業分析が行われる。さらに，正確な理論空気量を求めるには元素分析が行われる。（教本 3.1.1(4)(c)，最短合格 3.1.1 [1]参照）
答え (2)

問 2 固体燃料，液体燃料の元素分析項目は炭素，水素，窒素，硫黄（石炭のように灰分が多い燃料は燃焼性硫黄）を測定し，100 との差を酸素としている。[いずれも質量%]（教本 3.1.1(4)(a)，最短合格 3.1.1 [1]参照）
答え (5)

問 3

「燃料を空気中で加熱し，他から点火しないで自然に燃え始める［ A ］の温度を［ B ］という。」
上文中の［　］内に入れるA及びBの用語の組合せとして，正しいものは次のうちどれか。

	A	B
(1)	最高	着火温度
(2)	最低	着火温度
(3)	最高	露点温度
(4)	最低	引火点
(5)	最高	引火点

問 4

重油の引火点（℃）の値として，正しいものは次のうちどれか。

(1) 0～10　　(2) 10～30　　(3) 30～60
(4) 60～120　　(5) 120～150

問 3 着火温度（発火温度ともいう）の定義である。着火温度は，点火源がなくとも加熱された燃料の酸化によって発生する熱量と，外に放散される熱量が平衡に達して燃え始める最低の温度である。（教本 3.1.1(5)(a)，最短合格 3.1.1 [2]参照）　答え (2)

問 4 液体燃料の引火点は，重油など密度の大きい重質油は高く，灯油など密度の小さい軽質油は低い。（教本 3.1.1(5)(b) 表 3.1 参照）　答え (4)

問 5

「[A]が加熱されると蒸気を発生し，これに小火炎を近づけると瞬間的に光を放って燃え始める。この光を放って燃える最低の温度を[B]という。」

上文中の[ ]内に入れるA及びBの用語の組合せとして，正しいものは次のうちどれか。

	A	B
(1)	固体燃料	着火温度
(2)	固体燃料	引火点
(3)	液体燃料	引火点
(4)	液体燃料	着火温度
(5)	気体燃料	引火点

問 6

発熱量に関する説明として，正しいものは次のうちどれか。

(1) 発熱量とは，燃料を実際に燃焼させたときに発生する熱量のことである。

(2) 発熱量とは，燃料から湿分を除去して燃焼させたときに発生する熱量のことである。

(3) 発熱量とは，燃料から湿分及び灰分を除去して燃焼させたときに発生する熱量のことである。

(4) 発熱量とは，燃料を完全燃焼させたときに発生する熱量のことである。

(5) 発熱量とは，燃料中の炭素だけを完全燃焼させたときに発生する熱量のことである。

問 5 引火点とは，液体燃料が加熱され，燃料蒸気が発生し点火源を近づけると燃え始める最低の温度である。引火点より低い温度までの加熱であると，燃料蒸気が発生しないので燃え始めない。（教本 3.1.1(5)(b)，最短合格 3.1.1 [3]参照）　**答え (3)**

問 6 発熱量とは，燃料を完全に燃焼させたときに発生する熱量である。液体燃料や気体燃料では，実際に燃焼させたとき発生する熱量とほとんど差はないが，石炭など灰分の多い燃料や難燃性の燃料では，未燃分が生じるので，発熱量と実際燃焼したとき発生する熱量では差が出る。（教本 3.1.1(5)(c)，最短合格 3.1.1 [4]参照）　**答え (4)**

2 液体燃料

問 7

液体燃料についての記述として，誤っているものは次のうちどれか。

(1) ボイラー用液体燃料の大部分は重油であり，一部に灯油などが用いられている。

(2) 原油は，太古の動植物が水中に沈積されて生成したものといわれている。

(3) 我が国では，原油の生産量は極めて少なく，大部分は中東，東南アジア，その他の地域から輸入されている。

(4) 原油からは，まず，揮発油（ガソリンなど），灯油，軽油などの軽質分が分留される。

(5) 原油の引火点は，液体燃料中最も高い。

問 8

重油に関する説明として，誤っているものは次のうちどれか。

(1) 密度の小さい重油は，引火点が低い。

(2) 密度の小さい重油は，発熱量（kJ/kg）が大きい。

(3) 密度の大きい重油は，粘度が低い。

(4) 粘度の高い重油は，噴霧状態が悪い。

(5) B 重油は，A 重油より流動点が高い。

問 7 液体燃料の概要を示したものである。原油はガソリン，灯油などの軽質油及び重油などの重質油の原料であるので，原油の引火点はガソリンより高く，灯油より低いのが一般的である。（教本 3.1.2(1)及び表 3.1 参照）

答え (5)

問 8 一般的に，密度が大きい重油は，粘度が高く流動点も高い。（教本 3.1.2(2)(b)，最短合格 3.1.2 [2]参照）

答え (3)

2 液体燃料

問 9

重油の流動点は，一般的に凝固点より何度高いか。

(1) 1.5℃　(2) 2.0℃　(3) 2.5℃
(4) 3.0℃　(5) 3.5℃

問 10

重油の粘度についての記述として，誤っているものは次のうちどれか。

(1) 粘度の高低は，重油の輸送や，バーナノズルにおける噴霧状態に大きな影響を与える。
(2) 重油の粘度は，温度が高くなると高くなる。
(3) 粘度の低い重油は，引火点が低い。
(4) 一般に密度が大きい重油は，粘度が高い。
(5) 粘度の高い重油は，予熱して使用しなければならない。

問 9 流動点は，一般的に凝固点より 2.5℃高い温度をいう。密度が大きい重油は，一般的に凝固点，流動点が高くなる。(教本 3.1.2(2)(b)(iv)，最短合格 3.1.2 [2] D 参照)

答え (3)

問 10 重油は，一般に密度の大きいものほど粘度が高い。したがって，バーナの噴霧状態を最適に保つため，A 重油では加熱の必要性はほとんどないが，粘度の高い C 重油では加熱して温度を高くし粘度を下げる必要がある。(教本 3.1.2(2)(b)(iii)，最短合格 3.1.2 [2] C 参照)

答え (2)

問 11

重油中の成分が燃焼に及ぼす影響についての説明として，正しいものは次のうちどれか。

(1) 残留炭素の多いものは，バーナ噴霧孔（ノズル）や燃焼室内に未燃炭素が付着しやすく，ばいじん量も増加する。
(2) 水分は，重油の粘度を上げ噴霧状態を良くする。
(3) 重油中の窒素分は，燃焼を促進させる。
(4) スラッジは，燃焼して放射熱を出すので，適量であれば有効である。
(5) 硫黄分の燃焼ガスは，ボイラーの高温伝熱面を腐食させる。

問 12

重油中に含まれる水分及びスラッジによる障害について，誤っているものは次のうちどれか。

(1) 水分が多いと，熱損失が多くなる。
(2) 水分が多いと，いきづき燃焼を起こす。
(3) 水分が多いと，油管内でベーパロックを起こす。
(4) 重油中の水分は，貯蔵中に，スラッジを形成させる。
(5) スラッジは，弁，ろ過器，バーナチップなどを閉そくさせ，ポンプ，流量計，バーナチップなどを摩耗させる。

問 11 残留炭素の多いものは未燃炭素が生じやすく，バーナノズルや燃焼室に未燃炭素が付着しやすい。水分やスラッジは，燃焼状態及び燃焼装置に悪影響を与える。窒素は燃焼状態に関係なく，硫黄は低温伝熱面の腐食の要因となる。(教本 3.1.2(2)(b)(vii)〜(x)，最短合格 3.1.2 [3]参照)

答え (1)

問 12 油管内のベーパロックとは，油の温度が高すぎると油の一部が気化して，油蒸気(ベーパ) となり，油の流れを阻害することである。ベーパロックが起きる原因としては，重油の加熱温度が高すぎる場合に起きる。(教本 3.2.2(2)(ii)，最短合格 3.2.2 [2]参照)
その他は，重油中における水分とスラッジによる障害である。(教本 3.1.2(2)(b)(vii)，最短合格 3.1.2 [3] A 参照)

答え (3)

2 液体燃料

問 13

重油が燃焼中に「いきづき」燃焼を起こす原因となる成分は次のうちどれか。

(1) 硫黄　(2) 灰分　(3) 炭素　(4) 水分　(5) 窒素

問 14

灯油と重油との比較についての説明として，誤っているものは次のうちどれか。

(1) ボイラー用燃料として，灯油は小容量ボイラーに，重油は中大容量ボイラーに用いられることが多い。
(2) 灯油は，重油に比べ価格は高いが燃焼性がよい。
(3) 灯油は，重油に比べ硫黄分が少ない。
(4) 灯油は，重油に比べ発熱量（kJ/kg）が大きい。
(5) 灯油は，重油に比べ引火点が高い。

問 13 重油中の水分はバーナ内で蒸発し，バーナ内の油の流れを阻害する。バーナ内で発生した蒸気が燃焼室へ流れ出ると油の流れは正常となるが，次の水分がまた蒸気を発生させて油の流れを阻害し，いきづき燃焼の要因となる。（教本 3.1.2(2)(b)(viii)，最短合格 3.1.2 [3] A 参照）

答え (4)

問 14 密度の小さい灯油は，密度の大きい重油より引火点が低い。（教本 3.1.2(2)(b)(ii)，最短合格 3.1.2 [2] B 参照）

答え (5)

問 15

「重油の灰分量は，石炭に比べて極めて[A]。灰分は，ボイラーの伝熱面に付着して伝熱を[B]し，また，残留炭素分が多いほど[C]は増加する。」

上文中の[　　]内に入れるA，B及びCの用語の組合せとして，正しいものは次のうちどれか。

	A	B	C
(1)	少ない	阻害	ばいじん量
(2)	多い	良好に	SO_X 量
(3)	多い	阻害	ばいじん量
(4)	少ない	阻害	SO_X 量
(5)	多い	良好に	ばいじん量

問 16

一般に重油の炭素含有量として，正しいものは次のうちどれか。

(1) 95%　(2) 85%　(3) 75%
(4) 65%　(5) 50%

問 17

一般にA重油の低発熱量 MJ/kg として，正しいものは次のうちどれか。

(1) 50.9　(2) 46.7　(3) 42.5
(4) 38.3　(5) 34.1

問 15 重油と石炭の灰分については，教本 3.1.2 表 3.3 と 3.1.4 表 3.6 及び最短合格 3.1.2 表 3.1.1 と 3.1.4 表 3.1.6 を参照。ばいじんは，燃料中の灰分と未燃炭素（すす）からなり，残留炭素の多い重油は未燃炭素を増加させ，ばいじん量を増すこととなる。（教本 3.1.2 (2)(b)(vii)，最短合格 3.1.2 [3] B 参照）

答え (1)

問 16 石油系液体燃料の炭素含有量は 85%前後で軽質，重質油で大きな差がない。（教本 3.1.2(1) 表 3.2，最短合格 3.1.2 [1]参照）

答え (2)

問 17 石油系液体燃料の低発熱量は 42 MJ/kg 前後で，軽質油になるほど水素含有量が増すため，質量当たりの発熱量は高くなる。（教本 3.1.2 表3.2, 表3.4，最短合格 3.1.2 [1] 参照）

答え (3)

2 液体燃料

問 18

重油添加剤の作用として，誤っているものは次のうちどれか。

(1) 触媒作用によって燃焼が促進し，ばい煙の発生を抑制する。
(2) 分離沈殿してくるスラッジを溶解又は表面活性作用により分散させる。
(3) 油中に乳化状に存在する水分を凝集し沈降分離する。
(4) 燃焼ガス中の三酸化硫黄と反応して非腐食性物質に変え，腐食を防止する。
(5) 燃料の発熱量を増加させる。

問 19

「一般に燃焼用重油の密度（15℃）は，[　　] g/cm^3 である。」
上文中の[　　]内に入れる数値として，正しいものは次のうちどれか。

(1) 0.1　(2) 0.5　(3) 0.9
(4) 2.0　(5) 5.0

問 20

重油中に含まれる水分の作用についての説明として，正しいものは次のうちどれか。

(1) 引火点を下げる。
(2) 流動性をよくする。
(3) いきづき燃焼を起こす。
(4) 重油中のスラッジを溶解して，その障害を除く。
(5) 熱損失を少なくする。

問 18 重油の添加剤は，燃焼を阻害する条件を除いたり，腐食を抑制させる性質を持つが，発熱量を増加させることはない。(教本 3.1.2(2)(d)参照)　答え (5)

問 19 重油の密度は 0.9 g/cm^3 程度で, C 重油, B 重油, A 重油の順に低くなる。(教本 3.1.2 (1) 表 3.2，最短合格 3.1.2 [1]参照)　答え (3)

問 20 重油中の水分は，いきづき燃焼を起こしたり，貯蔵中にスラッジを形成する。(教本 3.1.2(2)(b)(viii)，最短合格 3.1.2 [3] A 参照)　答え (3)

問 21

重油の中に混入しているスラッジによる障害及び障害防止についての説明として，誤っているものは次のうちどれか。

(1) 弁，ろ過器，バーナチップなどを閉そくさせる。
(2) ポンプ，流量計，バーナチップなどを摩耗させる。
(3) 重油中の水分は，貯蔵中に，スラッジを形成させない。
(4) 油タンクのドレン抜きを励行して除去する。
(5) ろ過器の清掃を励行して除去する。

問 22

「燃料中の硫黄は有害成分で，燃焼して二酸化硫黄（SO_2）になり，ボイラーを［　A　］させるばかりでなく大気を汚染し［　B　］となる。」
上文中の［　　　］内に入れる A 及び B の用語の組合せとして，適切なものは次のうちどれか。

	A	B
(1)	腐食	公害
(2)	腐食	災害
(3)	破損	災害
(4)	破損	事故
(5)	停止	公害

問 21 重油中の水分は，貯蔵中にスラッジを形成させるので，タンクのドレン抜きを励行しなければならない。（教本 3.1.2(2)(b)(viii)，最短合格 3.1.2 [3] A 参照）　答え (3)

問 22 重油中の硫黄分は，エコノマイザや空気予熱器での低温腐食の要因となり，その全量が硫黄酸化物（SO_X）となるため，大気を汚染し公害の原因となる。（教本 3.1.2(2)(b)(x)，最短合格 3.1.2 [3] C 参照）　答え (1)

3 気体燃料

問 23

気体燃料を液体燃料と比べたときの記述として，誤っているものは次のうちどれか。

(1) 燃焼が均一であり，調節が容易である。

(2) 他の燃料に比べると割安である。

(3) 燃焼ガスが清浄で，伝熱面及び火炉壁を汚損することがほとんどない。

(4) 一般に，灰分及び硫黄分の含有量が少ない。

(5) 点火時にガス爆発の危険性が多い。

問 24

気体燃料についての説明として，誤っているものは次のうちどれか。

(1) 気体燃料は，石炭や液体燃料に比べ，成分中の炭素に対する水素の比率が高い。

(2) 都市ガスは，一般に天然ガスを原料としている。

(3) 都市ガスは，液体燃料に比べ，NO_X，CO_2 の排出量が少なく，SO_X は排出しない。

(4) 液化石油ガス（LPG）は空気より軽く，都市ガスに比べ体積当たりの発熱量は小さい。

(5) 液体燃料ボイラーのパイロットバーナの燃料は，液化石油ガス（LPG）を使用することが多い。

問 23 一般的に，気体燃料は燃料費は高いが，灰分は含まず，硫黄も非常に少ないため，燃焼ガスが清浄である。（教本 3.1.3(1)③，最短合格 3.1.3 [1] C 参照）

答え (2)

問 24 液化石油ガスは，石油の精製工程から抽出されるガスであり，空気より重く，容積当たりの発熱量は都市ガスに比較して 2 倍以上である。（教本 3.1.3(2) 表 3.5 及び(b)，最短合格 3.1.3 [1] D 参照）

答え (4)

問 25

気体燃料についての説明として，誤っているものは次のうちどれか。

(1) オフガスは，石炭類の分解によって得られるガスである。
(2) 気体燃料は，最近大気汚染防止の面からボイラー用燃料としての使用が増えている。
(3) LNG は，天然ガスを常圧で－162℃に冷却し，液化したものである。
(4) 気体燃料には，天然のものと加工したもの及び他の製品の生産に伴って副生されるものがある。
(5) 製鉄所副生ガスは，製鉄所のプロセスで生成される。

問 26

気体燃料についての説明として，誤っているものは次のうちどれか。

(1) 天然ガス以外の気体燃料には，石炭又は石油を原料とするものがある。
(2) 気体燃料は，大別して天然ガス，液化石油ガスと副生ガスとに分けられる。
(3) 天然ガスは，天然に発生するガスのうち，炭化水素を主成分とする可燃性のものである。
(4) 液化石油ガスは，常温でわずかな圧力を加えると容易に液化する石油系炭化水素である。
(5) オフガスは，製鉄所副生ガスより窒素成分が多いので燃焼性が劣る。

問 25 オフガスは石油精製，石油化学工場で生成される副生ガスである。（教本 3.1.3(2)(c)参照）

答え (1)

問 26 製鉄所副生ガスは相当量の窒素成分が含まれ，発熱量が低く，オフガスには窒素成分はほとんど含まれない。（教本 3.1.3(2) 表3.5 参照）

答え (5)

3 気体燃料

問 27

気体燃料についての説明として，正しいものは次のうちどれか。

(1) オフガスは，天然に産出する気体燃料である。
(2) 製鉄所副生ガスは，石油系の気体燃料である。
(3) 液体燃料に比べ，単位体積当たりの発熱量が大きい。
(4) 固体燃料に比べ，硫黄分の含有量が少ない。
(5) 液体燃料に比べ，輸送に便利である。

問 28

気体燃料についての説明として，誤っているものは次のうちどれか。

(1) 液化石油ガスは，液体燃料ボイラーで，パイロットバーナーに使用されることが多い。
(2) 天然ガスは通常，天然に発生するガスのうち，炭化水素を主成分とする可燃性のものをいう。
(3) 都市ガス 13 A は，空気より比重が小さい（密度が低い）。
(4) 液化石油ガスは，石油の精製時に生産される。
(5) 製鉄所副生ガスは，製鉄所の生産工程で発生する可燃ガスのことをいい，発熱量は高く約 45 MJ/m^3_N である。

問 27 気体燃料は体積当たりの発熱量が低いため，輸送設備が大きくなるので，液化して体積を少なくするのに，低温にしたり，加圧する必要がある。また，気体燃料は他の燃料に比べ灰分，硫黄分をほとんど含まないのが一般的である。（教本 3.1.3(1)，最短合格 3.1.3 1 B 参照）

答え (4)

問 28 製鉄所の主原料は鉄鉱石と石炭で，製鉄所副生ガスは石炭系の気体燃料である。製鉄所副生ガスは，石油系のオフガスに比べ発熱量が低い。（教本 3.1.3(2)(c) 表3.5参照）

答え (5)

問 29

都市ガス 13 A の高発熱量 MJ/m^3_N は，次のうちどれか。

(1) 101.1　　(2) 20.2　　(3) 45.0

(4) 28.0　　(5) 134

問 30

「天然ガスは［　A　］を排出せず，［　B　］，［　C　］の排出量も相対的に少なく環境保全性に優れている。」
上文中の［　　］内に入れる物質の A, B 及び C の化学記号の組合せとして，正しいものは次のうちどれか。

	A	B	C
(1)	SO_X	NO_X	H_2O
(2)	CO	N_2	CO_2
(3)	NO_X	SO_X	O_2
(4)	SO_X	NO_X	CO_2
(5)	CO	H_2O	O_2

問 29 我が国での都市ガスの大半は天然ガスを原料としており，その種類は 13 A 又は 12 A である。都市ガス 13 A はエタン，プロパンなどを添加して，高発熱量を 45 MJ/m^3_N となるよう調整している。(教本 3.1.3(2)(a) 表3.5 参照)　　答え (3)

問 30 天然ガスは硫黄分を含まないため，SO_X は排出しない。また，CO_2 及び NO_X の排出量も少ない。NO_X が少ないのは天然ガス中には N 分を含まないことと，気体燃料中の N 分は NO_X にならないためである。(教本 3.1.3(2)(a)参照)　　答え (4)

3 気体燃料

問 31

天然ガスについての説明として，誤っているものは次のうちどれか。

(1) 天然ガスは，メタン（CH_4）を主成分とする。

(2) 天然ガスは，燃焼しても SO_X をほとんど発生しない。

(3) 天然ガスは大部分の都市ガスの原料となる。

(4) 低発熱量は 9.3～124 MJ/m^3_N である。

(5) 天然ガスを冷媒を用いて −162℃に冷却し，液化したものを液化天然ガス（LNG）という。

問 32

「液化石油ガス（LPG）は，常温常圧では気体であるが，［ A ］すると液化し，家庭用では［ B ］と［ C ］の混合ガスが利用されている。」
上文中の［　　］内に入れる A，B 及び C の用語の組合せとして，正しいものは次のうちどれか。

	A	B	C
(1)	加圧	プロパン	ブタン
(2)	加温	プロパン	ブタン
(3)	加圧	メタン	プロパン
(4)	加圧	メタン	ブタン
(5)	加温	メタン	ブタン

問 31 天然ガスの主成分はメタンであり，天然ガスを主原料とする都市ガス 13 A の低発熱量から推定しても，天然ガスの低発熱量が 9.3～124 MJ/m^3_N はあまりに幅がありすぎる。（教本 3.1.3(2)(a)及び表3.5 参照）

答え (4)

問 32 液化石油ガス（LPG）は沸点が高く，圧力をかけても加温すれば気体となる。また，LPG で一般的に使用されるのは，プロパンとブタン又はその混合気体である。（教本 3.1.3(2)(b)参照）

答え (1)

問 33

気体燃料についての説明として，誤っているものは次のうちどれか。

(1) 液化石油ガス（LPG）は空気より比重が大きい（密度が高い）。
(2) 都市ガス 13 A の主成分はメタンである。
(3) 液化石油ガスで家庭用としては，プロパンとブタンの混合ガスが多く使用される。
(4) 製鉄所副生ガスには N_2 が含まれない。
(5) 都市ガスの高発熱量（$MJ/m^3{}_N$）は，液化石油ガスに比べて低い。

問 34

気体燃料を液体燃料と比べたときの記述として，誤っているものは次のうちどれか。

(1) 単位体積当たりの発熱量が極めて小さい。
(2) 貯蔵及び輸送に経費がかかる。
(3) 点火及び消火時にガス爆発の危険性が少ない。
(4) 伝熱面，火炉壁を汚染することがほとんどない。
(5) 漏えいした場合，爆発又は火災の危険性がある。

問 33 製鉄所副生ガスは N_2 が含まれる。N_2 は発熱量に寄与しないため，製鉄所副生ガスは他の気体燃料より発熱量が低い。（教本 3.1.3(2)(c) 表3.5 参照）
答え (4)

問 34 液体燃料は加熱されて気化しないと点火源から引火しないが，気体燃料はもともと気化しているため，点火源があるとすぐ引火し瞬間的に燃焼（爆発）する。（他の事項は教本 3.1.3 参照）
答え (3)

4 固体燃料

問 35

「ボイラー用の固体燃料としては，[A]が最も多く用いられている。[B]は，太古の植物が地下に埋没され，長年月の間に酸素分を減じ[C]に富むものに変成したものといわれている。」
上文中の[　　]内に入れるA，B及びCの用語の組合せとして，正しいものは次のうちどれか。

	A	B	C
(1)	木材	石炭	揮発分
(2)	木材	コークス	炭素分
(3)	石炭	コークス	炭素分
(4)	石炭	石炭	揮発分
(5)	石炭	石炭	炭素分

問 36

石炭化度が最も進んでいる燃料は，次のうちどれか。

(1) 木材　(2) 無煙炭　(3) 亜歴青炭
(4) 歴青炭　(5) 褐炭

問 35 最近，バイオマス燃料として木材などの使用が増えてきているが，固体燃料の主流は石炭である。(教本 3.1.4(1)参照)

答え (5)

問 36 石炭化度とは，地下に埋没した太古の植物の水素や酸素などの有機分が減少し，炭素化する度合いを示すもので，石炭化度の進んだものは燃料比（固定炭素 / 揮発分）が高く，石炭化度が最も進んだものは無煙炭である。(教本 3.1.4(1)及び表3.6，最短合格 3.1.4 [1] A 参照)

答え (2)

問 37

石炭についての記述で，誤っているものは次のうちどれか。

(1) 太古に植物が地下に埋没されて変性したものが石炭であるが，石炭に変成される度合いを，石炭化度又は単に炭化度という。

(2) 褐炭，れき青炭，無煙炭のうちで，炭化度の最も進んでいる石炭は無煙炭である。

(3) 石炭の単位質量当たりの発熱量は，炭化度の進んだものほど大きい。

(4) 石炭化度が進んだものほど，燃料比は増加する。

(5) 石炭化度の進んだものは，揮発分が多く固定炭素は少ない。

問 38

「植物（主として樹木）が石炭に変成するに従って，［ A ］はほとんど変わらないが，［ B ］は減少し，［ C ］は増加する。」
上文中の［　　］内に入れるA，B及びCの用語の組合せとして，正しいものは次のうちのどれか。

	A	B	C
(1)	水素	炭素	酸素
(2)	炭素	水素	酸素
(3)	水素	酸素	炭素
(4)	炭素	酸素	水素
(5)	酸素	水素	炭素

問 37 石炭化度の進んだものは，固定炭素の割合が多くなり，揮発分の割合が少なくなる。したがって，選択肢(4)のとおり，燃料比（固定炭素分／揮発分）は増加する。（教本 3.1.4(1)，最短合格 3.1.4 [1]参照）
答え (5)

問 38 石炭化度が進むに従って炭素は増加し，水素はあまり変化しないが，酸素は減少する。（教本 3.1.4(1)及び表3.6，最短合格 3.1.4 [1] A 参照）
答え (3)

4 固体燃料

問 39

揮発分の多い固体燃料が燃焼する場合の特徴として，正しいものは次のうちどれか。

(1) 着火性が悪い。

(2) 黒煙が発生しない。

(3) 長炎を出して燃焼する。

(4) 揮発分の少ない固体燃料より，未燃分が多い。

(5) 着火後の燃焼速度が遅い。

問 39 揮発分の多い石炭は，最初に揮発分に着火するので燃焼性は良い。揮発分は加熱されると気体となるので，長炎となって燃焼する。揮発分が燃焼した後，固定炭素が燃焼する。(教本 3.1.4(1)(a)(ii)，最短合格 3.1.4 [1] B 参照)

答え (3)

5 特殊燃料

問 40

「製糖工場では砂糖きびを圧搾し，糖汁を絞ったかすは，バガスと呼ばれ，製糖工場における重要な熱源となっている。発熱量 MJ/kg は［ A ］程度で水分を［ B ］% 含んでいる。」

上文中の［　　］内に入れる A 及び B の数値の組合せとして，正しいものは次のうちどれか。

	A	B
(1)	8.5	60〜70
(2)	11.5	40〜50
(3)	14.5	30〜35
(4)	17.0	20〜25
(5)	21.0	10〜15

問 41

バーク（樹皮）についての記述として，誤っているものは次のうちどれか。

(1) バークは，パルプ工場などで原木の皮をむいた際に生ずるものである。

(2) バークには，土壌のシリカなど多少の灰分が含まれる。

(3) バークの発熱量は，7.5〜14.5 MJ/kg である。

(4) バークは，10〜20% の水分を含んでいる。

(5) バークは，固体燃料である。

III

問 40 バガスはサトウキビの搾りかすで，製糖工場の大きな熱源である。当然，水分含有率が大きいほど，発熱量は低くなる。（教本 3.1.5(1)参照）

答え (2)

問 41 バークは 50〜60% 程度の水分を含むため，発熱量も比較的低いが，そのまま固体燃料として火格子又は流動層（教本 3.2.4(1)(a)及び(c)）で燃焼される。（教本 3.1.5(2)参照）

答え (4)

解説

5 特殊燃料

問42

黒液についての記述として，誤っているものは次のうちどれか。

(1) 黒液は，パルプ製造過程で排出される黒色の液である。

(2) 黒液中の薬品は，回収されないで燃焼される。

(3) 製造過程から排出される黒液の水分は 80～88% であるので，濃縮されて燃焼される。

(4) 黒液の乾燥状態における発熱量は，12.5～16.0 MJ/kg である。

(5) 黒液は，ソーダ回収ボイラーで燃焼される。

問43

都市じんかい（ごみ）についての記述として，正しいものは次のうちどれか。

(1) 都市じんかいには，難燃物及び不燃物は混在しない。

(2) 都市じんかいは，自治体で運営する清掃工場などで焼却される。

(3) 都市じんかいの発熱量は，12～25 MJ/kg くらいである。

(4) 都市じんかいの発熱量は，一般に工場廃棄物に比べて高い。

(5) 都市じんかいの発熱量は，収集区域により大幅な変動はない。

問42 黒液は，ソーダ回収ボイラー又は黒液回収ボイラー（教本 1.6.2(1)）にて燃焼され，黒液中のナトリウム塩や硫黄分は回収されて，再使用される。（教本 3.1.5(3)参照）

答え (2)

問43 都市じんかいは，野菜などの廃食料品中の水分を多く含み，工場廃棄物より発熱量が低く，季節や地域などにより変動する。都市じんかいは，自治体などで集積し，専用の清掃工場の焼却炉で燃焼される。（教本 3.1.5(4)(a)参照）

答え (2)

問 44

工場じんかいについての説明として，正しいものは次のうちどれか。

(1) 工場じんかいの発熱量は，都市じんかいより低い。
(2) 工場じんかいの発熱量は，40 MJ/kg 程度のものもある。
(3) 工場じんかいの燃焼排出ガスは，無害なものが多い。
(4) 一般に小規模の工場のじんかいは，選別してボイラー用燃料として使われる。
(5) 工場じんかいは，ばいじんに対して特別の対策は必要ではない。

Ⅲ

問 44 工場廃棄物は水分が少なく，都市じんかいより発熱量は高く性状は安定している。また，工場廃棄物には不燃物や有毒物が含まれることがあるので，灰処理や排煙対策に注意を払う必要がある。（教本 3.1.5(4)(b)参照）

答え (2)

解説

6 燃焼概論

問 45

「燃焼とは［ A ］の発生を伴う急激な［ B ］である。」
上文中の［　　］内に入れる A 及び B の用語の組合せとして，正しいものは次のうちどれか。

	A	B
(1)	光と熱	酸化反応
(2)	光と熱	還元作用
(3)	熱量	化学作用
(4)	発熱	還元作用
(5)	吸熱	酸化反応

問 46

「燃焼には［ A ］，［ B ］及び［ C ］の三つの要素が必要とされる。」
上文中の［　　］内に入れる A，B 及び C の用語の組合せとして，正しいものは次のうちどれか。

	A	B	C
(1)	燃料	燃焼室	空気
(2)	燃料	空気	湿度
(3)	燃料	空気	温度
(4)	空気	温度	時間
(5)	空気	点火源	温度

問 45 燃焼とは，可燃物が空気中の酸素と反応し光と熱が発生する酸化反応である。反対に，酸化物より酸素を除くことが還元反応で，還元反応は熱を吸収する。（教本 3.2.1，最短合格 3.2.1 ①参照）

答え (1)

問 46 燃焼には，燃料（可燃物）と空気（酸素）との反応（酸化反応）を連続させる温度が必要である。（教本 3.2.1，最短合格 3.2.1 ①参照）

答え (3)

問 47

燃焼についての説明として，誤っているものは次のうちどれか。

(1) 燃料を実際に完全燃焼させるには，空気比は 1.0 でよい。

(2) 燃焼に大切なのは，着火性と燃焼速度である。

(3) 着火性良否は，燃料の性質，燃焼装置及び燃焼室の構造，空気導入部の配置などに大きく影響される。

(4) 着火性がよく燃焼速度が速いと，一定量の燃料を完全燃焼させるのに狭い燃焼室で足りる。

(5) 燃焼が進行する速さを，燃焼速度という。

問 48

「燃料と空気だけでは燃焼は行われない。［ A ］及び燃焼室の温度が燃料の［ B ］以上に維持されていなければならないのである。」
上文中の［　　］内に入れる A 及び B の用語の組合せとして，正しいものは次のうちどれか。

	A	B
(1)	燃料	引火点
(2)	燃料	露点温度
(3)	空気	着火温度
(4)	燃料	着火温度
(5)	空気	引火点

問 47 選択肢(2)～(5)は，教本の記述のとおり。燃料を完全燃焼又はほぼ完全燃焼させるには，過剰の空気が必要である。ただし，過大な過剰空気はボイラー効率を低下させる。(教本 3.2.1 及び 3.3.1(a)(b)(c)，最短合格 3.2.1 及び 3.3.1 参照)　答え (1)

問 48 燃料が着火温度に達していないと，燃焼は継続して行われない。燃料を着火温度以上にするのは，最初は点火バーナなどの点火源で，着火後は燃料自体の燃焼熱である。(教本 3.2.1，最短合格 3.2.1 ①参照)　答え (4)

7 液体燃料の燃焼方式

問 49

液体燃料の燃焼についての説明として，誤っているものは次のうちどれか。

(1) 液体燃料の燃焼方式には，主として噴霧式が用いられる。

(2) 燃料油を霧化して，バーナで良好な燃焼を行わせるためには，燃料油の粘度に留意しなければならない。

(3) 重油の粘度を下げるには，重油の温度を高くすればよい。

(4) バーナに点火するときは，バーナタイルが赤熱されていても点火源が必要である。

(5) 温暖な地方では，噴霧圧力を高めれば，C 重油に加熱の必要がない。

問 50

「バーナで噴霧された油は，送入された空気と混合し，バーナタイル及び炉内からの［ A ］により予熱され，徐々に［ B ］する。ここで油が［ C ］に達していれば火炎を形成する。」

上文中の［　　］内に入れる A，B 及び C の用語の組合せとして，正しいものは次のうちどれか。

	A	B	C
(1)	熱伝導	気化	引火点
(2)	放射熱	蒸発	引火点
(3)	熱伝導	蒸発	着火温度
(4)	放射熱	気化	着火温度
(5)	接触	気化	着火温度

問 49 C 重油で噴霧に適正な粘度を得るには，80～105℃ 程度に加熱する必要があり，温暖な地方といえども加熱を必要とする。（教本 3.2.2(1)(2)，最短合格 3.2.2 [2]参照）

答え (5)

問 50 液体燃料は，加熱されて気化しないと空気との接触が不十分で燃焼（酸化）しない。燃焼による発生熱量が十分であれば，着火温度以上の燃焼温度が保たれ燃焼が継続する。（教本 3.2.2(1)，最短合格 3.2.1 [3]参照）

答え (4)

問 51

重油バーナに用いる C 重油の適当な加熱温度は，次のうちどれか。

(1) 40～50℃　(2) 80～105℃　(3) 110～150℃
(4) 160～205℃　(5) 210～250℃

問 52

石炭燃焼と比べた場合の重油燃焼の長所として，誤っているものは次のうちどれか。

(1) ボイラーの負荷変動に対して，応答性が優れている。
(2) 燃焼操作が容易で，労力を要することが少ない。
(3) 少ない過剰空気で完全燃焼させることができる。
(4) すす，粉じんの発生が少なく，灰処理の必要がほとんどない。
(5) 急着火，急停止の操作が困難である。

問 53

石炭燃焼と比べた場合の重油燃焼の短所として，誤っているものは次のうちどれか。

(1) 重油の完全燃焼には，多量の過剰空気が必要である。
(2) 油の漏れ込み，点火操作などに注意しないとガス爆発を起こすおそれがある。
(3) 油の成分によっては，ボイラーを腐食させ，又は大気を汚染する。
(4) 油の引火点が低いため，火災防止に注意を要する。
(5) バーナの構造によっては，騒音を発生しやすい。

問 51 噴霧に適した粘度を得るためには，C 重油で 80～105℃，B 重油では 50～60℃程度である。通常，A 重油は寒冷地以外，加熱を必要としない。(教本 3.2.2(2)(ii)，最短合格 3.2.2 [2]参照)

答え (2)

問 52 重油は石炭より着火が容易で，液体のため輸送や貯蔵が容易である。また，調節弁を操作することにより，負荷に応じた燃料の増減が容易である。(教本 3.2.2(2)(i)，最短合格 3.2.2 [1]参照)

答え (5)

問 53 重油は石炭より燃焼性が良いので，石炭燃焼より過剰空気が少なくてよい。(教本 3.2.2(2)(i)，最短合格 3.2.2 [1]参照)

答え (1)

7 液体燃料の燃焼方式

問 54

「粘度の高い重油は，加熱して噴霧に適した粘度に下げなければならないが，加熱温度が低すぎると，[A]が不良となり，[B]が悪くなるとともに[C]が発生する。」
上文中の[　　]内に入れるA，B及びCの用語の組合せとして，正しいものは次のうちどれか。

	A	B	C
(1)	燃焼	油の分解	窒素酸化物
(2)	霧化	燃焼ガス	二酸化炭素
(3)	霧化	燃焼	すす
(4)	燃焼	空気との混合	窒素酸化物
(5)	霧化	燃焼	硫黄酸化物

問 55

重油の加熱温度が高すぎた場合の害として，誤っているものは次のうちどれか。

(1) 燃料油が気化し，バーナ内でベーパロックを起こす。
(2) 噴霧状態にむらができる。
(3) いきづき燃焼の原因になる。
(4) 揮発分の不完全燃焼によって黒煙がでる。
(5) 噴射角度が乱れる。

問 54 油温が低すぎると霧化が不良となり，空気との混合・接触が悪くなるので，燃焼不良を起こし，未燃の炭素（すす）が発生する。（教本 3.2.2(2)(ii)，最短合格 3.2.2 ②参照）
答え (3)

問 55 重油の加熱温度が高すぎると，バーナ内で一部が気化しベーパロック（気体が油の通路を妨げること）を生じ，いきづき燃焼の原因となるが，燃焼室内に送り込まれた揮発分は燃焼性が良いので，不完全燃焼の原因となることはない。（教本 3.2.2(2)(ii)，最短合格 3.2.2 ②参照）
答え (4)

問 56

低温腐食防止の説明として，誤っているものは次のうちどれか。

(1) 前処理により硫黄分を少なくした重油を選択する。

(2) 添加剤を使用して，排ガスの露点を下げる。

(3) 排ガス中の O_2% を上げ，二酸化硫黄の酸化を抑制し，露点を下げる。

(4) 低温伝熱面に耐食材料を使用する。

(5) 燃焼ガスを再循環させるか，又は蒸気式空気予熱器を用いる。

問 57

燃料油タンクについての説明として，誤っているものは次のうちどれか。

(1) 燃料油タンクは，地下に設置する場合と地上に設置する場合とがある。

(2) サービスタンクの貯油量は，一般に最大燃焼量の 2 時間分以上とする。

(3) 油逃がし管はタンクの上部に，油送入管はタンクの底部から 20〜30 cm 上方に取り付ける。

(4) 燃料油タンクは，用途により，貯蔵タンクとサービスタンクに分類される。

(5) 貯蔵タンクの貯油量は，1 週間から 1 ヶ月分の使用量が一般的である。

問 56 排ガス中の O_2%を上げると SO_2 から SO_3 となる割合が増し，燃焼ガス中の H_2O と反応してより多くの硫酸を生じ，露点を上げる。(教本 3.2.2(3)(ii)，最短合格 3.2.2 [3] 参照)

答え (3)

問 57 油送入管（受け入れ管）はタンクの上部に，油取り出し管はタンクに溜まった油から密度の大きい水分を抜き出さないようにタンクの底部から 20〜30 cm 上部に設ける。(教本 3.2.2(4)(b)(i)①，最短合格 3.2.2 [4] 参照)

答え (3)

7 液体燃料の燃焼方式

問 58

重油燃焼生成物の付着についての説明として，誤っているものは次のうちどれか。

(1) 燃焼生成物の大部分は，ガス状となり煙突へ抜ける。

(2) 燃焼生成物の一部分は，固体状でボイラーの伝熱面に付着する。

(3) 前処理により不純物を少なくした重油を選択し，燃焼生成物の付着量を減らす。

(4) 未燃焼を生じないように燃焼方法を改善し，付着物を少なくする。

(5) C 重油に比べて，A 重油の方が伝熱面への付着量が多い。

問 59

「バーナは，燃料油を微粒化して，その［ A ］を大きくし，［ B ］との接触を良好にさせ，また，気化を促進させることにより，［ C ］を速く完結させるものである。」
上文中の［　　］内に入れる A，B 及び C の用語の組合せとして，正しいものは次のうちどれか。

	A	B	C
(1)	表面積	空気	燃焼反応
(2)	表面積	蒸気	化学反応
(3)	体積	霧化媒体	燃焼反応
(4)	体積	空気	化学反応
(5)	表面積	霧化媒体	燃焼反応

問 58 重油の燃焼生成物は大部分が気体であり，煙突へ抜ける。ただし，極めてわずかな灰分と未燃炭素によるすすは，ばいじんとなり伝熱面に付着する。残留炭素の多い燃料は，すすが発生しやすい。C 重油は A 重油より残留炭素が多いので，A 重油よりすすが多く発生しやすい（最短合格 3.1.2 ② 表 3.1.3 参照）。残留炭素については，教本 3.1.2(2)(b)(vii)参照のこと。（教本 3.2.2(3)(i)，最短合格 3.1.2 ③ D 参照） **答え (5)**

問 59 燃料油の噴霧粒子を細かくするのは，設問のとおりである。燃料油粒子を微粒化する方法には燃料油自体の圧力，蒸気や空気の圧力によるもの，機械的な方法などがある。（教本 3.2.2(4)(b)(ii)，最短合格 3.2.2 ⑤ B 参照） **答え (1)**

問 60

「回転式バーナ（ロータリバーナ）は，[A]に取り付けられたカップの[B]で燃料油を微粒化する。」

上文中の[　　]内に入れるA及びBの用語の組合せとして，正しいものは次のうちどれか。

	A	B
(1)	油ポンプ	末広がり部
(2)	回転軸	つけ根部
(3)	回転軸	先端内面
(4)	モータ	内面
(5)	ファン	前部空間

問 61

「ガンタイプバーナは，[A]と[B]とを組み合わせたものである。」

上文中の[　　]内に入れるA及びBの用語の組合せとして，正しいものは次のうちどれか。

	A	B
(1)	ファン	圧力噴霧式バーナ
(2)	ノズルチップ	蒸気噴霧式バーナ
(3)	点火用電極	回転式バーナ
(4)	空気ディフューザ	蒸発形バーナ
(5)	中空回転軸	圧力噴霧式バーナ

問 60 ロータリバーナは，カップの回転力により燃料油を飛散させて粒子の微粒化を図るものである。（教本 3.2.2(4)(b)(ii)④，最短合格 3.2.2 [5] B 参照）

答え (3)

問 61 ガンタイプ（油）バーナは，ファンと圧力噴霧式バーナを組み合わせたもので，小容量ボイラーに多く用いられる。（教本 3.2.2(4)(b)(ii)⑤，最短合格 3.2.2 [5] B 参照）

答え (1)

7 液体燃料の燃焼方式

問62

蒸気（空気）噴霧式バーナについての説明として，誤っているものは次のうちどれか。

(1) 霧化媒体として圧力を有する蒸気又は空気を用いる。
(2) 燃料油と媒体は，噴霧前に混合する。
(3) 燃料油と媒体は，バーナ先端近くの渦巻室で旋回混合するものがある。
(4) ノズル内で，油に高速な媒体を衝突させるものがある。
(5) ターンダウン比（容量調整幅）が狭い。

問63

低圧気流噴霧式油バーナについての説明として，誤っているものは次のうちどれか。

(1) 燃料油は，アトマイザから供給される。
(2) 一部の空気は，接線上に設けられたスリットから旋回室に導入される。
(3) 旋回室内で中空円すい状の油膜を形成する。
(4) もう一方の空気を，その油膜に衝突させて吹きちぎる。
(5) 4〜10 Pa の極めて低圧な空気を使用する。

問62 蒸気（空気）噴霧式バーナは，燃料油の圧力だけでなく，蒸気又は空気の圧力を利用して燃料油の微粒化を図るため，微粒化に必要な燃料油の最低圧力を低くすることができる。そのため，ターンダウン比（容量調整幅）が広い。(教本 3.2.2(4)(b)(ii)②，最短合格 3.2.2 5 B 参照)

答え (5)

問63 低圧気流噴霧式油バーナに使用する空気圧力は，4〜10 kPa である。(教本 3.2.2(4)(b)(ii)③，最短合格 3.2.2 5 B 参照)

答え (5)

問 64

重油燃焼によるボイラー及び附属設備の低温腐食の抑制措置として，誤っているものは次のうちどれか。

(1) 硫黄分の少ない重油を選択する。
(2) 燃焼室及び煙道への空気の漏入を防止し，煙道ガスの温度低下を防ぐ。
(3) 給水温度を上昇させて，エコノマイザの伝熱面の温度を高く保つ。
(4) 蒸気式空気予熱器を用いて，ガス式空気予熱器の伝熱面の温度を高く保つ。
(5) 重油に添加剤を加え，燃焼ガスの露点を上げる。

問 64 硫黄による金属の低温腐食を防止するには，金属温度を燃焼ガスの露点以上に保つ必要がある。したがって，低温腐食のための重油の添加剤を用いる場合は，燃焼ガスの露点を下げて，金属温度を露点より高くする。（教本 3.2.2(3)(ii)，最短合格 3.2.2 [3] 参照。なお，重油の添加剤については，教本 3.1.2(2)(d)を参照。）　**答え (5)**

8 気体燃料の燃焼方式

問 65

「気体燃料は燃焼させるうえで，液体燃料のような[A]，[B]のプロセスが不要であるため，空気との混合状態を比較的自由に設定でき，[C]の調節が容易である。」
上文中の[　　]内に入れるA，B及びCの用語の組合せとして，正しいものは次のどれか。

	A	B	C
(1)	予熱	混合	火炎
(2)	予熱	微粒化	排ガス温度
(3)	微粒化	蒸発	火炎
(4)	噴出	微粒化	排ガス温度
(5)	噴出	混合	空気比

問 65 気体燃料は，もともとガスであるので，油のように微粒化して気化（蒸発）させる必要がない。そのため，燃焼空気との接触が良好で火炎の調節が容易である。（教本 3.2.3(2)，最短合格 3.2.3 ②参照）

答え (3)

問 66

「気体燃料の燃焼は，[A]の[B]方式によって，拡散燃焼方式と予混合燃焼方式とに分けられる。」
上文中の[　　]内に入れるA及びBの用語の組合せとして，正しいものは次のうちどれか。

	A	B
(1)	燃焼用空気	混合
(2)	燃焼用空気	噴出
(3)	燃料ガス	供給
(4)	燃料ガス	拡散
(5)	燃料ガス	分散

問 66 燃料と燃焼用空気をあらかじめ混合する予混合燃焼は，気体燃料特有の燃焼方式である。燃焼用空気の全量と燃料をあらかじめ混合することを完全予混合燃焼といい，燃焼用空気の一部と燃料をあらかじめ混合することを部分予混合燃焼という。（教本 3.2.3(1)，最短合格 3.2.3 [1]参照）

答え (1)

8 気体燃料の燃焼方式

問 67

ガスバーナについての拡散燃焼方式の説明として，誤っているものは次のうちどれか。

(1) 燃料と燃焼用空気が別のポート（気孔）から燃焼室に入り，各々の流れの界面に反応層をつくる。
(2) バーナの内部で可燃性混合気がつくられないため，逆火の危険性がない。
(3) 広範囲な燃焼量の調節ができる。
(4) 高温に予熱した空気を燃焼用として使用したりすることができる。
(5) 大容量のボイラーには，この方式は採用されない。

問 68

ガスバーナについての説明として，誤っているものは次のうちどれか。

(1) ガスバーナは，多くの種類があるが，拡散形と予混合形に分けられる。
(2) 拡散形バーナは，ガスと空気を別々に噴出し，拡散混合しながら燃焼させるバーナである。
(3) 拡散形バーナは，燃料噴出ノズルの形式によってセンタータイプ，リングタイプ，スパッドタイプなどに分類される。
(4) 予混合形バーナは，パイロットバーナには利用できない。
(5) 予混合形バーナは，大容量のボイラーに用いられない。

問 67 予混合燃焼はバーナ内部で可燃混合気を作るので，逆火の危険性があり，大容量のバーナではあまり使用されない。大容量のバーナでは，燃焼用空気と燃料が燃焼室内で混合する拡散燃焼方式が広く採用される。(教本 3.2.3(1)，最短合格 3.2.3 ①参照)

答え (5)

問 68 予混合バーナは，小容量のパイロットバーナに使用されることがある。(教本 3.2.3 (1)(b)，最短合格 3.2.3 ①参照)

答え (4)

問69

ボイラー用ガスバーナについて，誤っているものは次のうちどれか。

(1) ボイラー用ガスバーナは，ほとんど拡散燃焼方式を採用している。

(2) 拡散燃焼方式ガスバーナは，空気の流速，旋回強さ，ガスの分散，噴射方法，保炎器の形状などで火炎の形状，ガスと空気の混合速度を調節し，目的に合った火炎を形成させている。

(3) センタータイプガスバーナは，空気流中に数本のノズルがあり，ガスノズルを分割することで，ガスと空気の混合を促進する。

(4) リングタイプガスバーナは，リング状の管の内側に多数のガス噴射孔があり，空気流の外側からガスを内側に向かって噴射する。

(5) ガンタイプガスバーナは，バーナ，ファン，点火装置，燃焼安全装置，負荷制御装置などを一体としたもので，中・小容量のボイラーに用いられる。

問70

気体燃料の燃焼の特徴についての説明として，誤っているものは次のうちどれか。

(1) 火炎の調節が容易である。

(2) 安定な燃焼が得られ，点火，消火が容易で自動化しやすい。

(3) 重油のような燃料加熱，霧化媒体が不要である。

(4) ガス火炎は油火炎に比べて放射率が低く，火炉においては放射伝熱量が減り，接触伝熱面では対流伝熱量が増す。

(5) 気体燃料には，低温腐食を発生させるものが多い。

問69 センタータイプガスバーナは，バーナの空気流の中心に1本のガスノズルを設けたものである。（教本 3.2.3(3)(b)，最短合格 3.2.3 [3]参照）　答え (3)

問70 (1)～(4)は，気体燃料の燃焼の特徴である。気体燃料のほとんどは，低温腐食の原因となる硫黄を含まない。（教本 3.2.3(2)，最短合格 3.2.3 [2]参照）　答え (5)

9 固体燃料の燃焼方式

問71

「上込め燃焼とは，給炭方向と[　　　]の供給方向が逆である燃焼方式である。」
上文中の[　　　]内に入れる用語として，正しいものは次のうちどれか。

(1) 過剰空気　(2) 一次空気　(3) 二次空気
(4) 三次空気　(5) 理論空気

問72

石炭の火格子燃焼についての説明として，誤っているものは次のうちどれか。

(1) 上込め燃焼においては，給炭方向と一次空気の供給方向は逆である。
(2) 下込め燃焼においては，給炭方向と一次空気の供給方向は同一である。
(3) 上込め燃焼における火層は，下から灰層，火層，燃料層となっている。
(4) 火格子（ストーカ）には，移動床，階段式，散布式ストーカがある。
(5) 火格子燃焼とは，多数のすき間のある火格子上で微粉炭を燃焼させることをいう。

問71 上込め燃焼とは，燃料を火格子の上部より供給する方式をいう。下込め燃焼とは，燃料を火格子の下より供給する方式をいう。火格子燃焼では，一次空気は火格子の下部から火格子に供給される。（教本 3.2.4(1)(a)(b)，最短合格 3.2.4 1参照）　答え (2)

問72 火格子燃焼は，多数のすき間のある火格子上で固体燃料を燃焼するものである。石炭の場合，火格子燃焼での粒径は数十 mm であり，微粉炭は一般に 74 μm 以下の粒子が 70%以上のものをいう。（教本 3.2.4(1)(a)，最短合格 3.2.4 1参照）　答え (5)

問 73

微粉炭のバーナ燃焼の特徴についての説明として，誤っているものは次のうちどれか。

(1) 燃料の単位質量当たりの表面積が大で，少ない過剰空気で高効率の燃焼ができる。
(2) 使用石炭の幅が広く，低品位炭でも無煙炭でもたくことができる。
(3) 他の固体燃料の燃焼方式に比べ，燃焼の調節が困難で，負荷の変動に応じ難く，点火及び消火に時間がかかる。
(4) 高温の予熱空気の使用が可能である。
(5) フライアッシュ（飛散灰）が多く，集じん装置を必要とする。

問 74

流動層燃焼の特徴についての説明として，誤っているものは次のうちどれか。

(1) 低質な石炭でも使用できる。
(2) 層内に石灰石を送入することにより，炉内脱硫ができる。
(3) 低温燃焼のため，窒素酸化物（NO_X）の発生が多い。
(4) 流動層内での伝熱性能が良いので，ボイラーの伝熱面積が小さくてすむ。
(5) 微粉炭だきに比べ，石炭粒径が大きく，粉砕動力が軽減される。

問 73 微粉炭燃焼は液体，気体燃料のようにバーナで燃焼するので，他の固体燃料の燃焼方式に比べ負荷の変動に対する追従性が良い。点火に際しては，重油などの起動燃料を必要とし，起動燃料の燃焼から微粉炭燃焼への切り替え時間が多少かかるが，消火はバーナへの微粉炭の供給を絶てばすぐ消火する。（教本 3.2.4(1)(b)，最短合格 3.2.4 [3]参照）

答え (3)

問 74 流動層燃焼の燃焼温度は，700～900℃と他の燃焼方式の 1,300～1,500℃に比べ相当低く，窒素酸化物（NO_X）の発生量が少ない。（教本 3.2.4(1)(c)，最短合格 3.2.4 [4]参照）

答え (3)

9　固体燃料の燃焼方式

問 75

火格子（ストーカ）についての説明として，誤っているものは次のうちどれか。

(1)　水平に移動する火床上に石炭をおいて，これを燃焼させるストーカを移動床ストーカという。

(2)　階段状の火格子に石炭を滑らせて，これを燃焼させるストーカを階段式ストーカという。

(3)　移動床ストーカは，燃料用ホッパ，石炭ゲート，移動火格子，ボンネット，風箱などからなっている。

(4)　燃料を機械力により間欠的に炉内に散布するものを，散布式ストーカという。

(5)　石炭を燃焼室床下から押し上げて燃焼させるストーカを，下込めストーカという。

問 75　散布式ストーカは，燃料を投炭機により連続的に火格子上に散布する。（教本 3.2.4 (2)③参照）

答え (4)

10 大気汚染防止

問 76

「ボイラーの煙突から排出される硫黄の酸化物の大部分は [A] で数％ [B] が含まれている。このほかに硫黄の酸化物としては数種類のものが含まれており，これらを総称して SO_X という。」
上文中の [　　] 内に入れる A 及び B の用語の組合せとして，正しいものは次のうちどれか。

	A	B
(1)	二酸化硫黄（SO_2）	三酸化硫黄（SO_3）
(2)	二酸化硫黄（SO_2）	亜硫酸（H_2SO_3）
(3)	三酸化硫黄（SO_3）	硫酸（H_2SO_4）
(4)	三酸化硫黄（SO_3）	二酸化硫黄（SO_2）
(5)	亜硫酸（H_2SO_3）	硫酸（H_2SO_4）

III

問 76 硫黄(S)が燃焼により酸化されると SO_2 になる。SO_2 の数％は，燃焼ガス中の過剰酸素によりさらに酸化され，SO_3 になる。(教本 3.2.5(1)(a)，最短合格 3.2.5 [1] A 参照)

答え (1)

解説

10 大気汚染防止

問 77

「SO_X による大気汚染を抑制するためには，次の対策がある。

① [　A　]の[　B　]燃料を使用すること。

② 排ガス中の[　C　]などを除去すること。」

上文中の[　　　]内に入れる A，B 及び C の用語の組合せとして，正しいものは次のうちどれか。

	A	B	C
(1)	窒素化合物	少ない	SO_3
(2)	硫黄分	少ない	SO_2
(3)	硫黄分	多い	SO_4
(4)	硫黄分	多い	SO
(5)	窒素化合物	少ない	SO

問 77 燃料中の硫黄(S)はすべて SO_X となるので，SO_X の発生を抑制するには S 分の少ない燃料を使用すること，又は発生した SO_2 を除去することが必要である。(教本 3.2.5 (2)(a)，最短合格 3.2.5 [2] A 参照)

答え (2)

問 78

「一般に窒素による大気汚染物質として重要視されるのは［　A　］と［　B　］である。このほかに数種類の化合物があり，これらを総称して NO_X という。」
上文中の［　　］内に入れる A 及び B の用語の組合せとして，正しいものは次のうちどれか。

	A	B
(1)	一酸化窒素（NO）	一酸化二窒素（N_2O）
(2)	二酸化窒素（NO_2）	一酸化二窒素（N_2O）
(3)	一酸化窒素（NO）	二酸化窒素（NO_2）
(4)	一酸化窒素（NO）	アンモニア（NH_3）
(5)	一酸化二窒素（N_2O）	四酸化二窒素（N_2O_4）

問 79

窒素酸化物（NO_X）の発生抑制方法の基本として，誤っているものは次のうちどれか。

(1) 窒素化合物の少ない燃料を使用すること。
(2) 炉内燃焼ガス中の酸素濃度を低くすること。
(3) 燃焼温度を低くし，特に局所的高温域が生じないようにすること。
(4) 高温燃焼域における燃焼ガスの滞留時間を短くすること。
(5) 燃焼用空気量を多くし，燃料の完全燃焼を行うこと。

問 78 窒素は本来，不活性で他の物質と反応はしないが，窒素のごく一部がボイラーの燃焼室などの高温条件下では，余剰酸素と反応して一酸化窒素（NO）となる。ボイラーで発生する NO_X には数%の NO_2 が含まれるが，NO が大部分である。大気に排出された NO は，空気中の酸素と反応して NO_2 となる。（教本 3.2.5（1）（b），最短合格 3.2.5 [1] B 参照）

答え (3)

問 79 NO_X の発生を抑制するには設問中の(1)～(4)があるが，(5)の燃焼用空気量を多くすることは，燃焼ガス中の酸素濃度が高くなることで NO_X の発生を促す。（教本 3.2.5（2）（b），最短合格 3.2.5 [2] B 参照）

答え (5)

10 大気汚染防止

問 80

ばいじんの発生防止対策として，誤っているものは次のうちどれか。

(1) 燃焼室の温度を低く調節しておく。

(2) 無理だきをしないこと。

(3) 灰分又は残留炭素の少ない適切な燃料を選ぶこと。

(4) 燃焼室，燃焼装置を改善すること。

(5) 集じん装置を設けること。

問 81

ボイラーから発生するばい煙に含まれる物質についての説明として，誤っているものは次のうちどれか。

(1) 燃料中の硫黄分が燃焼して生じる硫黄酸化物

(2) 燃料中の炭素分が燃焼して生じる二酸化炭素

(3) 燃料中の炭素分が遊離して生じるすす

(4) 燃焼の際に発生する灰分

(5) 燃焼の際に発生する窒素酸化物

問 80 ばいじんは，燃料中の灰分から発生するものと，未燃の遊離炭素によるすすが共存したものである。未燃炭素によるすすは，燃焼を改善すれば抑制することができる。（教本 3.2.5(2)(c)，最短合格 3.2.5 ② D 参照）

答え (1)

問 81 硫黄酸化物，ばいじん及び有害物質中の窒素酸化物がボイラーから発生するばい煙である。したがって，二酸化炭素(CO_2)はばい煙でない。（教本 3.2.5(1)，最短合格 3.2.5 ① C 参照）

答え (2)

問82

ばいじん発生原因の説明として，誤っているものは次のうちどれか。

(1) 通風力が不足している。
(2) 通風力が過大である。
(3) 無理だきをしている。
(4) 燃焼室の容積が過少である。
(5) 燃焼室の温度が高い。

問82 選択肢(2)の通風力が過大では，燃焼用空気量が多すぎて燃焼温度が低くなりすぎることを意味しており，(3)の無理だきとは過負荷のことで，過負荷になると燃焼室の容積が不足となり，炭素が十分燃えきらないうちに燃焼室より排出されるため，未燃の遊離炭素が増加してばいじんが増す。(5)の燃焼室を高温に保つことは，燃焼を促進し未燃炭素を減じる。(教本 3.2.5(2)(c)参照)

答え (5)

11 燃焼室

問 83

燃料を効果的に燃焼させるために必要な燃焼室の条件として，誤っているものは次のうちどれか。

(1) 燃焼室を高温に保つ。

(2) 燃焼室をなるべく小さくして，火炎が水冷壁に当たる構造とする。

(3) 送り込まれる燃料を速やかに着火させる。

(4) 燃料と燃焼用空気との混合をよくする。

(5) 燃焼ガスの炉内滞留時間が，燃焼完結時間より長く取れる構造とする。

問 84

燃焼室における燃焼温度を高めるのに考慮する必要のない事項は，次のうちどれか。

(1) 燃料の種類

(2) 空気比

(3) 大気圧の変動

(4) 炉壁への伝熱

(5) 燃焼用空気温度

問 83 燃料と燃焼用空気は，燃焼室が小さいと燃焼室での滞留時間が短くなり，燃料と燃焼用空気（酸素）との反応時間が不足するため，効果的な燃焼は望めない。（教本 3.3.1 (1)，最短合格 3.3.1 1参照）

答え (2)

問 84 燃焼温度を決めるのは，燃料の発熱量，空気比の高低による発熱量当たりの燃焼ガス量，火炎からの放射熱量の大小による炉壁への伝熱量，燃焼用空気の温度，可燃分が実際に燃焼する割合の燃焼効率などがあるが，大気圧の変動は燃焼温度に関係しない。（教本 3.3.1(3)(b)，最短合格 3.3.1 3参照）

答え (3)

問 85

燃焼室の炉壁についての説明として，誤っているものは次のうちどれか。

(1) れんが壁とは，各種のれんがを積み重ねて構成したものである。

(2) 不定形耐火壁とは，れんがの代わりにキャスタブル耐火材又はプラスチック耐火材を現場で練り，炉壁を作るものである。

(3) 燃焼室の一部がれんが壁で構成され，その外側が空冷される構造もある。

(4) 水冷壁とは，燃焼室壁に水管を配置し火炎の放射熱を吸収するとともに，炉壁を保護するものである。

(5) メンブレンウォールとは，空冷れんが壁の一種で冷却効果が大である。

問 86

油だきボイラーの燃焼室に必要な条件についての記述として，誤っているものは次のうちどれか。

(1) 使用バーナは，燃焼室の形状に適したものであること。

(2) 燃焼室は，着火を容易にする構造とすること。

(3) 燃焼室の温度は，なるべく低くし，炉壁の損傷を防ぐこと。

(4) 燃焼室の大きさは，燃料が燃焼室内で燃焼を完結し得るものであること。

(5) 燃焼室は，燃料と空気との混合が有効に，かつ，急速に行われる構造であること。

問 85 メンブレンウォールは，水冷壁構造の一つであり，水管をフィンの両側で溶接してつなぎ合わせたものである。(教本 1.4.1(2)，3.3.1(2)参照)

答え (5)

問 86 燃焼室の温度が低すぎると燃焼不良を起こし，高すぎると炉壁の焼損などを起こすので，適正に保つようにする。(教本 3.3.1(1)(c)③，最短合格 3.3.1 [1]参照)

答え (3)

11 燃焼室

問 87

「燃焼室熱負荷とは，単位時間における燃焼室の［ A ］当たりの［ B ］をいう。」
上文中の［　　］内に入れるＡ及びＢの用語の組合せとして，正しいものは次のうちどれか。

	A	B
(1)	伝熱面積	発生熱量
(2)	伝熱面積	吸収熱量
(3)	単位容積	発生熱量
(4)	単位面積	発生熱量
(5)	単位容積	吸収熱量

問 88

一次空気と二次空気の説明として，誤っているのは次のうちどれか。

(1) 油・ガスだき燃焼における一次空気は，噴射された燃料近傍に供給され初期燃焼を安定させる。

(2) 油・ガスだき燃焼における二次空気は，旋回または交差流によって，燃料と空気の混合を良好に保ち，燃焼を完結させる。

(3) 火格子燃焼における二次空気は，一次空気より多量の空気量である。

(4) 一般の上向き通風での火格子燃焼における一次空気は，火格子下部から，灰層，火層，燃料層を通して挿入される。

(5) 上向き通風の火格子燃焼における二次空気は，燃料層上部の可燃ガスの火炎中に挿入される。

問 87 燃焼室熱負荷とは，単位容積当たり，燃焼室において発生する1時間当たりの熱量を示すもので，この値が小さいものほど燃焼室容積が大きい。（教本 3.3.1（3）（a），最短合格 3.3.1 ②参照）

答え (3)

問 88 一般に，燃焼用空気の供給を一次と二次に分割する場合，理論空気量に近い一次空気量で，初期燃焼を安定させる必要がある。したがって，火格子燃焼や微粉炭燃焼を除いたバーナ燃焼では，一次空気量が全体空気量の大部分を占めることになる。（教本 3.3.1（4），最短合格 3.3.1 ④参照）

答え (3)

問 89

「炉筒煙管ボイラーの燃焼室熱負荷は，およそ［　A　］～［　B　］kW/m^3 である。」
上文中の［　　］内に入れる A 及び B の用語の組合せとして，正しいものは次のうちどれか。

	A	B
(1)	400	1,200
(2)	150	200
(3)	200	500
(4)	1,000	2,000
(5)	100	500

問 90

「水冷壁とは，燃焼室壁に［　A　］を配置し，火炎の［　B　］を吸収するとともに，炉壁を［　C　］するものである。」
上文中の［　　］内に入れる A，B 及び C の用語の組合せとして，正しいものは次のうちどれか。

	A	B	C
(1)	煙管	放射熱	保護
(2)	煙管	燃焼熱	冷却
(3)	水管	燃焼熱	冷却
(4)	水管	放射熱	保護
(5)	水管	発生熱	保温

問 89 燃焼室熱負荷の一般的な値であり，小容量のボイラーほど大きく，大容量のボイラーほど小さくなるのが一般的である。(教本 3.3.1 (3) (a) 参照)　答え (1)

問 90 水冷壁とは，燃焼室の炉壁に水管を配置し，燃焼室で発生する放射熱を吸収するものである。その結果，炉壁の耐火材などに加えられる放射熱を低減させる。(教本 3.3.1 (2) (a) 参照)　答え (4)

11 燃焼室

問 91

二次空気についての説明として，正しいものは次のうちどれか。

(1) 二次空気は，炉壁のすきまから吸い込まれる空気である。
(2) 油だきの場合，二次空気はバーナから燃料とともに吹き込まれる空気である。
(3) 二次空気は，煙道のれんが積みの割れ目から吸い込まれる空気である。
(4) 二次空気とは，一次空気の残りの空気をいい，燃焼の完結を図る。
(5) 二次空気の送入は，大気圧の空気を火炎のまわりに導入するようにする。

問 92

燃焼室の具備すべき一般的条件に関する次の記述のうち，誤っているものはどれか。

(1) 燃焼室の形状は，燃焼装置の種類，使用燃料の種類によって変わることはない。
(2) 燃焼室の大きさは，燃料を完全燃焼させるのに必要なものであること。
(3) 着火アーチ，バーナタイルなどの着火を容易にするための構造を有すること。
(4) 燃料と空気との混合，接触が有効に，かつ，急速に行われる構造であること。
(5) 炉材は，燃焼温度に耐え，スラグの溶着などの障害を起こさないものであること。

問 91 液体，気体燃料のバーナでは，燃焼用空気の大半を一次空気として燃料の周辺に供給され，残りの空気を二次空気として可燃物が残る火炎に供給する。燃焼用空気の全量を燃料周辺に供給して，二次空気を用いないバーナも多数ある。(教本 3.3.1(4)，最短合格 3.3.1 4参照)

答え (4)

問 92 燃焼装置として，液体・気体燃料にはバーナが，固体燃料には火格子などが用いられるが，燃焼室はそれらの燃焼装置に適した形状が求められる。また，燃焼室の大きさは，燃料の燃焼性に適した大きさが必要である。(教本 3.3.1(1)(b)，最短合格 3.3.1 1参照)

答え (1)

問 93

ボイラーの熱損失のうちで，一般に最大なものは次のうちどれか。

(1) 燃えがらの中の未燃分による損失
(2) 不完全燃焼ガスによる損失
(3) 排ガス熱による損失
(4) ボイラー周壁からの放熱損失
(5) 排ガス中のすすによる損失

問 94

液体燃料の燃焼における空気比の概略値として，適当な数値は次のうちどれか。

(1) 0.8～1.0　(2) 1.05～1.3　(3) 1.4～1.6
(4) 1.7～1.9　(5) 2.0～2.2

問 93 燃料，燃焼装置の相違にかかわらず，ボイラーの熱損失のうち最も大きいのは排ガスが持ち去る熱損失である。なお，良好な燃焼においては，重油などの液体燃料及び気体燃料では，燃えがら中の未燃分や不完全燃焼による熱損失は極めて少ない。（教本 3.3.1(5)(e)，最短合格 3.3.1 5参照）

答え (3)

問 94 理論空気量に対する実際空気量の比が空気比であるが，完全燃焼を行うには空気比が 1.0 以下はありえない。また，液体燃料のバーナ燃焼では，空気比は 1.05～1.3 であり，燃焼性がよい燃料と良好な燃焼装置では，空気比を低くすることができる。（教本 3.3.1(5)(c)，最短合格 3.3.1 5参照）

答え (2)

11 燃焼室

問 95

「断熱理論燃焼温度とは，燃料が［ A ］空気量で完全燃焼し，外部への熱移動がないと仮定した場合に到達すると考えられる［ B ］温度である。」

上文中［　］内に入れる A 及び B の語句の組合せとして，正しいものは次のうちどれか。

	A	B
(1)	理論	燃焼ガス
(2)	実際	燃焼ガス
(3)	理論	燃焼室出口
(4)	過剰	燃焼ガス
(5)	実際	燃焼室出口

問 95 断熱理論燃焼温度は，燃料が持つ低発熱量を理論燃焼ガス量で除した燃焼ガスの熱量を，温度に換算したものである。実際の燃焼においては過剰空気を必要とし，炉壁への熱放射など外部への熱移動があるので，実際の燃焼温度は断熱理論燃焼温度より低くなる。（教本 3.3.1 (3) (b)，最短合格 3.3.1 ③参照）

答え (1)

12 通風

問 96

通風についての説明として，誤っているものは次のうちどれか。

(1) 炉及び煙道を通じて起こる空気及び燃焼ガスの流れを通風という。
(2) 通風の方式には，自然通風と人工通風とがある。
(3) 自然通風方式は，動力を要せず簡単であるが通風力が弱い。
(4) 人工通風には，ファンなどが必要である。
(5) 人工通風方式とは，押込通風と誘引通風の 2 種類をいう。

問 97

煙突によって生じる通風についての説明として，誤っているものは次のうちどれか。

(1) 煙突内部の高温ガスは，常温の空気より密度が低い。
(2) 密度が低いガスは，浮力を生じ上昇する。
(3) 煙突によって生じる通風力は，煙突内ガスの密度と外気の密度との差に煙突の高さを乗じたものである。
(4) ガスの温度が高いほど通風力は小となる。
(5) 煙突の高さが高いほど通風力は大となる。

問 96 ファンを用いる人工通風には，押込ファンのみの押込通風，誘引ファンのみの誘引通風及び押込ファンと誘引ファンを併用する平衡通風がある。(教本 3.3.2(2)，最短合格 3.3.2 [2]参照)

答え (5)

問 97 煙突の通風力は，選択肢(3)に述べるとおりである。標準状態におけるガスの密度は外気より大きいが，ガスの温度は外気より高いので，実際のガスの密度は外気より小さくなる。したがって，ガス温度が高くなるほどガスの密度は小さくなり，外気との密度差が大きくなるので，通風力は大となる。(教本 3.3.2(1)(a)，最短合格 3.3.2 [1]参照)

答え (4)

12 通風

問 98

通風力の単位として通常用いられるものは，次のうちどれか。

(1) N　　(2) W/m^2
(3) N/mm^2　　(4) J/(kg·K)
(5) Pa

問 99

人工通風についての説明として，誤っているものは次のうちどれか。

(1) 人工通風には押込通風，誘引通風及び平衡通風がある。
(2) 押込通風は，ファンを用いて燃焼用空気を大気圧より高い圧力にして炉内に押し込むものである。
(3) 誘引通風は，ファンを用いて燃焼用空気を誘引するものである。
(4) 誘引ファンは，煙道又は煙突入口に設ける。
(5) 平衡通風は，押込ファンと誘引ファンとを併用したものである。

問 98 通風力は圧力であるので，Pa 又は kPa が用いられる。選択肢(3)の N/mm^2 も応力や圧力の単位であるが，大きすぎる単位であるので，通風力には用いない。（教本 3.3.2，最短合格 3.3.2 参照）

答え (5)

問 99 誘引通風は，ファンを用いて燃焼ガスを誘引するものである。（教本 3.3.2(2)(b)，最短合格 3.3.2 ② B 参照）

答え (3)

問 100

押込通風方式の得失として，正しいものは次のうちどれか。

(1) 炉内に漏入する無用の空気が多くなり，ボイラー効率が低下する。
(2) 押込ファンは一般に常温の空気を取り扱い，所要動力が低い。
(3) 炉内圧は大気圧より低くなる。
(4) 他の人工通風に比べ，所要動力が大きい。
(5) 燃焼ガス，ばい煙などが外部へ漏れることがない。

問 101

「ボイラー用ファンには，通風方式に応じ適切な［　A　］，［　B　］のものが必要である。誘引ファンでは摩耗，［　C　］に強いものを選ばなければならない。」
上文中の［　　］内に入れるA，B及びCの用語の組合せとして，正しいものは次のうちどれか。

	A	B	C
(1)	風圧	風量	腐食
(2)	電圧	質量	腐食
(3)	電圧	形状	高温
(4)	高さ	形状	高圧
(5)	電圧	風量	高圧

問 100 押込通風方式は，体積が小さい常温の空気のみを扱って必要な通風力を得るので，所要動力が少ない。誘引通風方式は，体積の大きな燃焼ガスのみを取り扱うので，所要動力はもっとも大きくなる。平衡通風方式の所要動力は，押込み通風方式と誘引通風方式の中間である。（教本 3.3.2(2)(a)，最短合格 3.3.2 [2] A 参照）　**答え (2)**

問 101 ファンの要件は，必要な通風力を得るための風圧，風量が不可欠である。燃焼ガスにはばいじん，腐食性ガスなどが含まれることがあるので，誘引ファンは摩耗，腐食に対する考慮が必要である。（教本 3.3.2(3)，最短合格 3.3.2 参照）　**答え (1)**

12 通風

問 102

ファンについての説明として，誤っているものは次のうちどれか。

(1) 多翼形ファンの風圧は比較的低く，0.15〜2 kPa である。

(2) 多翼形ファンは小形，軽量，安価であるが，効率が低いため大きな動力を必要とする。

(3) 後向き形ファンは高温，高圧，大容量のものには適さない。

(4) ラジアル形ファンは強度があり，摩耗，腐食に強い。

(5) ラジアル形ファンは形状が簡単で，プレート取替えが容易である。

問 103

煙突の自然通風力に直接関係のない用語は，次のうちどれか。

(1) 煙突の高さ　(2) 排ガスの温度　(3) 煙突の直径

(4) 給水温度　(5) 外気温度

問 102 後向き形ファンは高温，高圧，大容量のものに適し，機械効率も良いので，広く用いられている。(教本 3.3.2(3)(b)，最短合格 3.3.2 3参照)

答え (3)

問 103 煙突の通風力は，外気の密度と排ガスの密度差及び煙突の高さにより決まるので，給水の温度は関係ない。煙突の直径は上記の通風力に関係しないが，直径が小さいと通風損失が大きくなり，実際の通風力が小さくなる。(教本 3.3.2(1)(a)，最短合格 3.3.2 1参照)

答え (4)

問 104

ダンパについての説明として，誤っているものは次のうちどれか。

(1) 通風力を調節する。
(2) ガスの流れを遮断する。
(3) 煙道にバイパスがある場合は，ガスの流れを切り換える。
(4) 昇降式ダンパは，ダンパ板の昇降によって開度を調節する。
(5) 一般に昇降式ダンパは，回転式ダンパより広く用いられている。

問 104 回転式ダンパは，ダンパ板をハンドルで回転させるので，操作が簡単で広く用いられているが，空気やガスの漏れは避けられない。昇降式ダンパは，ダンパの昇降装置が必要となるので，構造が複雑で高価となるが，回転式ダンパに比べ漏れが少ないため，ガスの流れを遮断したり，流れを切り換えるときなどに使用が限定されている。(教本 3.3.2(4)，最短合格 3.3.2 ③ D 参照)

答え (5)

メモ

Ⅳ
ボイラー及び圧力容器に関する法令

1 ボイラー及び圧力容器の定義，適用等

問 1

ゲージ圧力 0.1 MPa，最大電力設備容量 480 kW の電気を熱源とする温水ボイラーは，次のうちどれに該当するか。

(1) 小型ボイラー
(2) 第二種圧力容器
(3) 小型圧力容器
(4) ボイラー（小型ボイラーを除く。）
(5) 第一種圧力容器（小型圧力容器を除く。）

問 2

小型ボイラーに該当するものは，次のうちどれか。

(1) 最高使用圧力 0.2 MPa，伝熱面積 4 m^2 の立て蒸気ボイラー
(2) ゲージ圧力 0.3 MPa，伝熱面積 8 m^2 の鋳鉄製温水ボイラー
(3) ゲージ圧力 0.1 MPa，伝熱面積 14 m^2 の立て煙管温水ボイラー
(4) 最高使用圧力 1 MPa，伝熱面積 14 m^2 の多管式貫流ボイラー
（ただし，管寄せの内径は 80 mm で気水分離器は有しないものとする。）
(5) ゲージ圧力 0.2 MPa で伝熱面積 2 m^2 の立て温水ボイラー

問 1 電気ボイラーは，その設備容量 60 kW を 1 m^2 とみなす（ボ則教本 1.3.4 参照 ※令和 5 年 12 月 18 日に電気ボイラーの伝熱面積の算定方法が改正され，電力設備容量 20 kW から 60 kW を 1 m^2 とみなすとされた。）ので，480 kW の設備容量は 8 m^2 とみなされる。したがって，圧力が 0.1 MPa で伝熱面積 8 m^2 の温水ボイラーは小型ボイラーである。（ボ則教本 1.1，図 1.1 参照）
答え (1)

問 2 選択肢 (1) は小規模ボイラーを超えるボイラー，(2) (3) (4) は小規模ボイラー，(5) は圧力が 0.2 MPa 以下で，かつ，伝熱面積が 2 m^2 以下の温水ボイラーなので小型ボイラーとなる。（ボ則教本 1.1，図 1.1 参照）
答え (5)

問 3

最高使用圧力 0.1 MPa，伝熱面積 0.8 m²，胴の内径 250 mm，胴の長さ 500 mm の蒸気ボイラー（ただし，大気に開放した蒸気管及び蒸気部に U 形立管は取り付けていない。）は，次のうちどれに該当するか。

(1) ボイラー（小型ボイラーを除く。）
(2) 小型圧力容器
(3) 第一種圧力容器（小型圧力容器を除く。）
(4) 第二種圧力容器
(5) 小型ボイラー

問 4

最高使用圧力 0.2 MPa，内容積 1 m³ の容器で，蒸気その他の熱媒を受け入れ，又は蒸気を発生させて固体又は液体を加熱し，容器内の圧力が大気圧を超えるものは次のうちどれに該当するか。

(1) ボイラー（小型ボイラーを除く。）
(2) 小型ボイラー
(3) 小型圧力容器
(4) 第一種圧力容器（小型圧力容器を除く。）
(5) 第二種圧力容器

Ⅳ

解説

問 3 本設問はボイラーに関する事項であり，選択肢(2)(3)(4)は圧力容器の区分である。圧力が 0.1 MPa（ゲージ圧）以下，胴の径が 300 mm 以下で，かつ，長さが 600 mm 以下なので小型ボイラーに相当する。（ボ則教本 1.1，図 1.1 参照）　**答え (5)**

問 4 本設問は圧力容器に関する事項であり，(1)(2)はボイラーの区分である。本容器は加熱器に区分され，最高の圧力［MPa（ゲージ圧）］と内容積［m³］の積が 0.02 を超えるので第一種圧力容器となる。（ボ則教本 1.4.1，図 1.2 参照）　**答え (4)**

1　ボイラー及び圧力容器の定義，適用等

問 5

「□□□における沸点を超える温度の液体をその内部に保有する容器は，第一種圧力容器に該当する。」

上文中の□□□内に入れる用語として，正しいものは次のうちどれか。

(1)　最高使用圧力
(2)　常用圧力
(3)　大気圧
(4)　臨界圧
(5)　絶対圧力零

問 5　第一種圧力容器は，その内部において煮沸，加熱，反応等の操作が行われるもので，内部に液体を保有する場合には，液体の温度は当該液体の大気圧における沸点以上に達しており，破裂の際は液体が蒸発し，体積が急激に増し危険が大きくなる。（ボ則教本 1.4.1 参照）

答え (3)

問 6

「小型圧力容器とは，第一種圧力容器のうち次に掲げる容器をいう。

(1) ゲージ圧力 0.1 MPa 以下で使用する容器で，内容積が[A] m^3 以下のもの又は胴の内径が 500 mm 以下で，かつ，その長さが 1,000 mm 以下のもの

(2) その使用する最高のゲージ圧力を MPa で表した数値と内容積を m^3 で表した数値との積が[B]以下の容器」

上文中の[　　]内に入れる A と B の数字の組合せとして，正しいものは次のうちどれか。

	A	B
(1)	0.04	0.02
(2)	0.2	0.004
(3)	0.2	0.02
(4)	0.04	0.004
(5)	0.02	0.004

問 6 第一種圧力容器のうち，最高の圧力［MPa（ゲージ圧）］と内容積［m^3］の積が 0.02 以下の容器は小型圧力容器となる。なお，径が 500 mm で長さが 1,000 mm の内容積は 0.1963 m^3 となる。（ボ則教本 1.4.1（2）③参照）

答え (3)

1 ボイラー及び圧力容器の定義，適用等

問 7

「第二種圧力容器とは，ゲージ圧力［　A　］以上の気体をその内部に保有する容器（第一種圧力容器を除く。）のうち，次に掲げる容器をいう。

（1） 内容積が［　B　］以上の容器

（2） 胴の内径が 200 mm 以上で，かつ，その長さが 1,000 mm 以上の容器」

上文中の［　　］内に入れる A と B のものの組合せとして，正しいものは次のうちどれか。

	A	B
(1)	0.1 MPa	0.04 m^3
(2)	0.1 MPa	0.2 m^3
(3)	0.2 MPa	0.04 m^3
(4)	0.2 MPa	0.2 m^3
(5)	0.05 MPa	0.2 m^3

問 8

最高使用圧力 10 MPa，内容積 0.002 m^3 のオートクレーブ（空気ヒータによる加熱又は容器内における化学反応で大気圧を超える蒸気が発生するもの。ただし，発生した蒸気は他に供給しない。）は，次のうちどれに該当するか。

(1) ボイラー（小型ボイラーを除く。）

(2) 小型ボイラー

(3) 第一種圧力容器（小型圧力容器を除く。）

(4) 第二種圧力容器

(5) 小型圧力容器

問 7 内部に気体を保有し，圧力 0.2 MPa（ゲージ圧）以上で，内容積 0.04 m^3 以上又は圧力 0.2 MPa（ゲージ圧）以上で，内径が 200 mm 以上，かつ，長さが 1,000 mm 以上の容器は第二種圧力容器となる。（ボ則教本 1.4.2(1)③，図 1.3 参照）　答え (3)

問 8 オートクレーブは第一種圧力容器であるが，最高の圧力［MPa（ゲージ圧）］と内容積［m^3］の積が 0.02 以下なので，小型圧力容器に区分される。（ボ則教本 1.4.1 参照）　答え (5)

問 9

蒸気ボイラーに関する最高使用圧力の定義として，正しいものは次のうちどれか。

（1） 圧力制限器が作動するゲージ圧力である。
（2） 蒸気使用設備の能力に応じて決定されるゲージ圧力である。
（3） 構造検査の時の水圧試験圧力の 1/2 のゲージ圧力である。
（4） 安全弁の作動するゲージ圧力である。
（5） 構造上使用可能な最高のゲージ圧力である。

問 10

法令上，ボイラーの伝熱面積に算入しない部分は次のうちどれか。

（1） 管寄せ
（2） 煙管
（3） 水管
（4） 炉筒
（5） 過熱器

問 9 蒸気ボイラー，温水ボイラーに限らず，圧力容器を含めて，その構造上使用可能な最高の圧力［MPa（ゲージ圧）］を最高使用圧力という。（ボ則教本 1.2 参照）

答え (5)

問 10 ボイラーの燃焼によって生じた熱が，水管，煙管，炉筒等から熱伝達によってボイラー水に伝えられる。伝熱面積は，ボイラーの燃焼ガスと反対側の面がボイラー水又は熱媒と接する部分に限られ，給水を予熱するエコノマイザや蒸気を過熱する過熱器は含まれない。また，水管ボイラーの蒸気ドラム，水ドラムは法令上，伝熱面積に算入されないことに注意すること。（ボ則教本 1.3 参照）

答え (5)

1　ボイラー及び圧力容器の定義，適用等

問 11

「貫流ボイラーの伝熱面積は，燃焼室入口から＿＿＿＿までの水管の燃焼ガス等に触れる面の面積をいう。」
上文中の＿＿＿＿内に入れる用語として，正しいものは次のうちどれか。

(1)　煙突入口　(2)　過熱器入口　(3)　空気予熱器入口
(4)　気水分離器入口　(5)　節炭器入口

問 12

「電気ボイラーの伝熱面積は，電力設備容量＿＿＿＿kW を 1 m^2 とみなしてその最大電力設備容量を換算した面積をいう。」
上文中の＿＿＿＿内に入れる数字として，正しいものは次のうちどれか。

(1)　3　(2)　6　(3)　15
(4)　30　(5)　60

問 13

伝熱面積の算出方法として，誤っているものは次のうちどれか。

(1)　水管ボイラーの水管の伝熱面積は，水管の外面側ではかる。
(2)　立て煙管ボイラーの煙管の伝熱面積は，煙管の内面側ではかる。
(3)　立てボイラーの横管（水管）の伝熱面積は，横管の内面側ではかる。
(4)　横煙管ボイラーの煙管の伝熱面積は，煙管の内面側ではかる。
(5)　ひれ付き水管の伝熱面積には，ひれの部分もその面積に一定の係数を乗じて算入する。

問 11　貫流ボイラーの伝熱面積は，燃焼室入口から過熱器入口までの燃焼ガス等に触れる面の水管の面積をいう。したがって，節炭器（エコノマイザ），過熱器は伝熱面積に含まれない。（ボ則教本 1.3.3 参照）　答え (2)

問 12　電気ボイラーの伝熱面積は，最大電力設備容量 60 kW を 1 m^2 とみなす。（ボ則教本 1.3.4 参照 ※令和 5 年 12 月に電力設備容量 20 kW から 60 kW を 1 m^2 とみなすと改正。）　答え (5)

問 13　ボイラーの伝熱面積は火気，燃焼ガス，その他の高温ガス等が触れる側の面積をとる。したがって，煙管ボイラーの煙管では，その内面側，水管ボイラーの水管ではその外面側の面積をとる。（ボ則教本 1.3.1，1.3.2 参照）　答え (3)

2 製造，設置，検査証等

問 14

構造検査についての記述として，誤っているものは次のうちどれか。

(1) 構造検査を受ける者は，当該検査に立ち会わなければならない。

(2) 溶接によるボイラーについては，溶接検査に合格した後でなければ構造検査を受けることができない。

(3) 構造検査を受ける者は，水圧試験の準備をする。

(4) 登録製造時等検査機関は，構造検査に合格した移動式ボイラーについて，申請者に対しボイラー検査証を交付する。

(5) ボイラーを輸入した者は，当該ボイラーについて，登録製造時等検査機関による構造検査を受けなければならない。

問 15

「［　　　］は，構造検査に合格した移動式ボイラーについて，申請者に対しボイラー検査証を交付する。」
上文中の［　　　］内に入れる機関として，正しいものは次のうちどれか。

(1) 厚生労働省労働基準局長

(2) 都道府県労働局長

(3) 所轄労働基準監督署長

(4) 労働基準監督署長

(5) 登録製造時等検査機関

問 14 構造検査は製造した者が受けるもので，原則として登録製造時等検査機関に申請する。ボイラーを輸入した者は，原則として登録製造時等検査機関に使用検査を申請する。（ボ則教本 2.1.2，2.2.5 参照）　答え (5)

問 15 ボイラーを製造した者は，移動式を含めて原則として登録製造時等検査機関に構造検査を申請する。（ボ則教本 2.1.2 参照）　答え (5)

2　製造，設置，検査証等

問 16

登録製造時等検査機関に検査申請書を提出しなければならない検査は，次のうちどれか。

(1)　落成検査
(2)　変更検査
(3)　性能検査
(4)　溶接検査
(5)　使用再開検査

問 17

「ボイラー（小型ボイラーを除く。）について使用検査を受けようとする者は，ボイラー使用検査申請書にボイラー明細書を添えて，「　　」に提出しなければならない。」
上文中の「　　」内に入れる機関として，正しいものは次のうちどれか。

(1)　厚生労働省労働基準局長
(2)　所轄都道府県労働局長
(3)　登録製造時等検査機関
(4)　所轄労働基準監督署長
(5)　労働基準監督署長

問 16　登録製造時等検査機関に提出する検査申請書は，溶接検査申請書と構造検査申請書である。（ボ則教本 2.1.2，2.1.3 及び附録 1 参照）
答え (4)

問 17　使用検査申請先は，原則として登録製造時等検査機関である。（ボ則教本 2.2.5 及び附録 1 参照）
答え (3)

問 18

使用を廃止したボイラーを再び設置する場合の手続きの順序として，正しいものは次のうちどれか。

(1) 使用再開検査 → 設置届 → 落成検査
(2) 使用検査 → 設置届 → 落成検査
(3) 構造検査 → 使用検査 → 設置届
(4) 構造検査 → 設置届 → 落成検査
(5) 構造検査 → 落成検査 → 設置届

問 19

使用検査を受けた後，1 年以上設置されなかったボイラーを設置しようとする者が受けなければならない検査は，次のうちどれか。

(1) 構造検査
(2) 使用再開検査
(3) 性能検査
(4) 落成検査
(5) 使用検査

問 18 使用を廃止したボイラーを再び使用するときは，使用検査を受けなければならない。使用再開検査は，休止届の手続きを行って休止していたボイラーを再度使用するときに行う手続きである。（ボ則教本 2.2.5，2.4.4 及び附録 1 参照） 答え (2)

問 19 構造検査又は使用検査を受けたが，1 年以上（保管状態が良好と認められたものについては 2 年以上）設置されなかったボイラーは，原則として登録製造時等検査機関の使用検査を受けなければならない。（ボ則教本 2.2.5 及び附録 1 参照） 答え (5)

2 製造，設置，検査証等

問 20

ボイラー設置届の記述として，正しいものは次のうちどれか。

(1) 移動式ボイラーは，所轄都道府県労働局長に設置届をする。
(2) 水管ボイラーは，構造検査の受検前であっても設置届を提出することができる。
(3) ボイラーの落成検査の受検後であっても設置届を提出することができる。
(4) ボイラー設置届は，ボイラーの設置工事開始の日の 2 週間前までに行わなければならない。
(5) 労働安全衛生規則により，建築物又は機械等と併せてボイラー設置届を提出することはできない。

問 21

ボイラー（移動式ボイラーを除く。）を設置しようとする事業者が，所轄労働基準監督署長に届出をする際に提出する書面として，誤っているものは次のうちどれか。

(1) ボイラー設置届
(2) ボイラー明細書
(3) ボイラー検査証
(4) ボイラー室及びその周囲の状況を記載した書面
(5) 燃焼が正常に行われていることを監視するための措置を記載した書面

問 20 設置届は，設置工事開始日の 30 日前（基礎工事等を含む）であれば溶接検査，構造検査あるいは使用検査の受検前であっても提出することができる。（ボ則教本 2.2.1 及び附録 1 参照）

答え (2)

問 21 選択肢(3)のボイラー検査証は，落成検査に合格した時に交付されるので（ボ則教本 2.2.4(1)参照），設置届にボイラー検査証の添付はできない。（ボ則教本 2.2.1 参照）

答え (3)

問 22

「移動式ボイラーを設置しようとする者は，あらかじめ，ボイラー設置報告書にボイラー明細書及び□を添えて，所轄労働基準監督署長に提出しなければならない。」

上文中の□内に入れる書面として，正しいものは次のうちどれか。

(1) ボイラー溶接明細書
(2) ボイラー及びその配管の設置状況を記載した書面
(3) ボイラー室及びその周囲の状況を記載した書面
(4) ボイラーの強度計算書
(5) ボイラー検査証

問 23

「所轄労働基準監督署長は，□に合格したボイラーについて，ボイラー検査証を交付する。」

上文中の□内に入れる検査の名称として，正しいものは次のうちどれか。

(1) 使用検査　(2) 性能検査　(3) 落成検査
(4) 構造検査　(5) 変更検査

問 22 移動式ボイラーについては，所轄労働基準監督署長に提出する設置報告書には，原則として登録製造時等検査機関より交付されたボイラー検査証を添付する。（ボ則教本 2.2.2 参照）

答え (5)

問 23 ボイラー検査証は，落成検査合格後又は落成検査を省略した場合に交付される。（ボ則教本 2.2.4(1)参照）

答え (3)

2 製造，設置，検査証等

問 24

溶接による炉筒煙管ボイラー（移動式のもの及び小型ボイラーを除く。）に関する申請等の手続順序として，正しいものは次のうちどれか。

(1) 製造許可 → 溶接検査 → 構造検査 → 設置届 → 落成検査
(2) 製造許可 → 構造検査 → 溶接検査 → 設置届 → 使用検査
(3) 製造許可 → 設置届 → 構造検査 → 溶接検査 → 落成検査
(4) 製造許可 → 構造検査 → 溶接検査 → 落成検査 → 設置届
(5) 製造検査 → 溶接検査 → 構造検査 → 使用検査 → 設置届

問 25

使用を廃止した溶接によるボイラー（移動式のもの及び小型ボイラーを除く。）を再び設置する場合の手続順序として，正しいものは次のうちどれか。

(1) 溶接検査 → 使用検査 → 設置届 → 落成検査
(2) 設置届 → 落成検査 → 使用検査
(3) 使用検査 → 設置届 → 落成検査
(4) 設置届 → 溶接検査 → 落成検査
(5) 溶接検査 → 落成検査 → 設置届 → 使用検査

問 24 製造許可申請はあるが，製造検査はない。また，設置届は工事着工 30 日前であれば，溶接検査，構造検査の前でもよいが，構造検査は溶接検査に合格した後に申請する。また，落成検査は設置工事が終了後なので，設置届より後となる。（ボ則教本附録 1 参照）

答え (1)

問 25 使用を廃止したボイラーを再び設置，又は使用する場合は使用検査を受けなければならない。なお，ボイラー検査証の有効期間を過ぎて休止したボイラーは，使用再開検査を受ける必要がある。（ボ則教本 2.2.5(1)，2.4.4 及び附録 1 参照）

答え (3)

問 26

ボイラー（移動式ボイラーを除く。）の各種申請，報告とその提出先，報告先の組合せとして，誤っているものは次のうちどれか。

(1) ボイラー製造許可申請 — 所轄都道府県労働局長
(2) ボイラー検査証書替申請 — 所轄労働基準監督署長
(3) ボイラー検査証再交付申請 — 所轄労働基準監督署長
(4) ボイラー休止の報告 — 所轄労働基準監督署長
(5) ボイラーの事故報告 — 所轄都道府県労働局長

問 26 原則として，製造に係る製造許可は，所轄都道府県労働局長が行い，その後の溶接検査，構造検査は原則として，登録製造時等検査機関が行う。（ボ則教本 2.7.11（事故報告）及び附録 1 参照）

答え (5)

3 就業制限及び免許

問 27

「伝熱面積の合計が［　　］m^2 未満のボイラーを取り扱う作業については，特級ボイラー技士，一級ボイラー技士又は二級ボイラー技士のうちからボイラー取扱作業主任者を選任しなければならない。」
上文中の［　　］内に入れる数字として，正しいものは次のうちどれか。

(1) 50　(2) 150　(3) 250
(4) 25　(5) 125

問 28

下記のボイラー４基をまとめて取り扱う場合のボイラー取扱作業主任者の必要な資格として，正しいものは次のうちどれか。

炉筒煙管ボイラー（伝熱面積 20 m^2）……………１基
貫流ボイラー（伝熱面積 40 m^2）…………………１基
立て温水ボイラー（伝熱面積 10 m^2）……………２基

(1) 特級ボイラー技士
(2) 特級又は一級ボイラー技士
(3) 特級，一級又は二級ボイラー技士
(4) ボイラー取扱技能講習修了者
(5) 特級，一級若しくは二級ボイラー技士又はボイラー取扱技能講習修了者

問 27 ボイラー取扱作業主任者の選任は，伝熱面積の合計が 25 m^2 未満では二級ボイラー技士以上の資格を有する者，25 m^2 以上 500 m^2 未満では一級ボイラー技士以上の資格を有する者, 500 m^2 以上では特級ボイラー技士でなければならない。(ボ則教本 2.7.2 (1) 表 2.1 参照)

答え (4)

問 28 貫流ボイラーはその伝熱面積を 1/10 にて算入するものとし，廃熱ボイラーはその伝熱面積の 1/2 を算入するので，本設問の場合，合計の伝熱面積は 20＋40/10＝24 m^2 となり，二級ボイラー技士以上の資格を有する者でよい。伝熱面積 10 m^2 の立て温水ボイラーは，小規模ボイラーとなるので，伝熱面積に算入しなくてよい。(ボ則教本 2.7.2(1) 参照)

答え (3)

問 29

二級ボイラー技士をボイラー取扱作業主任者として選任することができるボイラーは，次のうちどれか。

(1) 伝熱面積が 30 m^2 の鋳鉄製蒸気ボイラー
(2) 伝熱面積が 30 m^2 の鋳鉄製温水ボイラー
(3) 伝熱面積が 25 m^2 の立てボイラー
(4) 伝熱面積が 200 m^2 の貫流ボイラー
(5) 最大電力設備容量が 1500 kW の電気ボイラー

問 29 選択肢(4)の伝熱面積 200 m^2 の貫流ボイラーは，その伝熱面積を 1/10 とするので 20 m^2 となり，25 m^2 未満なので，ボイラー取扱作業主任者は二級ボイラー技士以上の資格を有する者でよい。(ボ則教本 2.7.2 参照)　答え (4)

問30

二級ボイラー技士をボイラー取扱作業主任者として選任することができるボイラーの組合せは，次のうちどれか。ただし「安全に停止させる機能を有する自動制御装置」とは，ボイラーの圧力，温度，水位又は燃焼の状態に異常があった場合に，安全にボイラーの運転を停止させる機能を有する自動制御装置をいう。

(1) いずれも，安全に停止させる機能を有する自動制御装置を備えた伝熱面積 20 m^2 の炉筒煙管ボイラー 2 基と，安全に停止させる機能を有する自動制御装置を備えていない伝熱面積 40 m^2 の貫流ボイラー 2 基の合計 4 基。

(2) いずれも，安全に停止させる機能を有する自動制御装置を備えた伝熱面積 20 m^2 の炉筒煙管ボイラー 3 基と，伝熱面積 10 m^2 の温水ボイラー 1 基の合計 4 基。

(3) 安全に停止させる機能を有する自動制御装置を備えた伝熱面積 20 m^2 の炉筒煙管ボイラー 1 基と，安全に停止させる機能を有する自動制御装置を備えていない伝熱面積 20 m^2 の炉筒煙管ボイラー 1 基の合計 2 基。

(4) 伝熱面積 15 m^2 の炉筒煙管ボイラー 2 基。

(5) 伝熱面積 20 m^2 の炉筒煙管ボイラー 1 基と伝熱面積 60 m^2 の貫流ボイラー 1 基の合計 2 基。

問30 安全に停止させる機能を有する自動制御装置を備えたボイラーは，最大の伝熱面積を有するボイラーを除いて伝熱面積の合計に算入しないことができるので，選択肢(2)の伝熱面積 20 m^2 のボイラーが 3 基あっても，1 基分の伝熱面積となるため，ボイラー取扱作業主任者は二級ボイラー技士以上の資格を有する者でよい。伝熱面積 10 m^2 の温水ボイラーは，小規模ボイラーなので伝熱面積に算入しなくてよい。（ボ則教本 2.7.2 (1)参照）

答え (2)

問 31

伝熱面積 40 m^2 の鋳鉄製温水ボイラーの性能検査を受けるため整備する際に，この整備作業に従事することのできる者は，次のうちどれか。

(1) ボイラー整備士
(2) ボイラー取扱作業主任者
(3) ボイラー据付け作業の指揮者
(4) ボイラー技士
(5) ボイラー取扱技能講習修了者

問 32

就業制限についての記述として，誤っているものは次のうちどれか。

(1) 伝熱面積 40 m^2 の温水ボイラーの据付けの作業については，ボイラー据付け作業の指揮者を定めなければならない。
(2) ボイラー（小型ボイラーを除く。）の管台，フランジを取り付ける場合のボイラーの溶接の業務については，普通ボイラー溶接士を当該業務につかせることができる。
(3) 最高使用圧力 0.1 MPa 以下で，伝熱面積が 0.8 m^2 の蒸気ボイラーの取扱いの業務には，特別の教育を修了した者を当該業務につかせることができる。
(4) 伝熱面積 40 m^2 の温水ボイラーの取扱いの業務には，ボイラー取扱技能講習修了者を当該業務につかせることができる。
(5) 伝熱面積 10 m^2 の温水ボイラーの整備の業務については，ボイラー整備士の免許を有しない者を当該業務につかせることができる。

問 31 ボイラー（小規模ボイラー，小型ボイラー及び簡易ボイラーを除く。）の整備には，ボイラー整備士でなければ，ボイラーの整備に従事することはできない。（ボ則教本 2.7.10(2)参照）

答え (1)

問 32 選択肢(1)は，小規模ボイラーを超えるボイラーであるので正しい。（ボ則教本 2.5.1 参照），(2)は管台，フランジの溶接なので正しい。（ボ則教本 2.1.3(3)参照），(3)は，小型ボイラーに区分されるので正しい。（ボ則教本 2.7.1 参照），(4)は，小規模ボイラーを超えるボイラーなので，ボイラー技士でなければ取り扱うことができない。（ボ則教本 2.7.1 参照），(5)は，小規模ボイラーであるので，ボイラーの整備にはボイラー整備士の免許を有しないものでも行える。（ボ則教本 2.7.10(2)参照）

答え (4)

4　ボイラー室及び管理

問 33

「事業者は，移動式ボイラー及び屋外式ボイラーを除き，伝熱面積[　A　]を超えるボイラーは，[　B　]又は建物の中の障壁で区画された場所に設置しなければならない。」
上文中の[　　]内に入れる A 及び B の語句の組合せとして，正しいものは次のうちどれか。

	A	B
(1)	3 m^2	耐火構造物
(2)	3 m^2	専用の建物
(3)	15 m^2	耐火構造物
(4)	25 m^2	専用の建物
(5)	25 m^2	耐火構造物

問 34

「ボイラー（移動式ボイラー及び屋外式ボイラーを除く。）の最上部から天井，配管その他のボイラーの上部にある構造物までの距離を，[　　] m 以上としなければならない。ただし，安全弁その他の附属品の検査及び取扱いに支障がないときは，この限りでない。」
上文中の[　　]内に入れる数字として，正しいものは次のうちどれか。

(1) 0.3　　(2) 0.45　　(3) 1　　(4) 1.2　　(5) 2

問 33 移動式ボイラー及び屋外式ボイラーは，ボイラー室（専用の建物又は建物の中の障壁で区画された箇所）に設置されなければならない。ただし，伝熱面積 3 m^2 以下のボイラーはこの限りでない。（ボ則教本 2.6.1 参照）
答え (2)

問 34 ボイラーの最上部と構造物との距離は，1.2 m 以上としなければならない。（ボ則教本 2.6.3(1)参照）
答え (4)

問 35

「移動式ボイラー及び屋外式ボイラーを除き，本体を被覆していないボイラー又は立てボイラーについては，ボイラーの外壁から壁，配管その他のボイラーの側部にある構造物（検査及び掃除に支障のない物を除く。）までの距離を［ A ］m 以上としなければならない。
ただし，胴の内径が 500 mm 以下で，かつ，その長さが 1,000 mm 以下のボイラーについては，この距離は，［ B ］m 以上とする。」
上文中の□内に入れる A と B の数字の組合せとして，正しいものは次のうちどれか。

	A	B
(1)	0.3	0.15
(2)	0.45	0.3
(3)	1	0.45
(4)	1.2	0.6
(5)	2	1.2

問 35 本体を被覆していないボイラー又は立てボイラーは，ボイラーの外壁から壁，配管などのボイラーの側部にある構造物までの距離を 0.45 m 以上としなければならない。ただし，胴の内径が 500 mm 以下で，かつ，その長さが 1,000 mm 以下のボイラーについては，この距離は 0.3 m 以上とする。（ボ則教本 2.6.3(2)参照）　答え (2)

問 36

ボイラーの設置場所等に関するAからEまでの記述について，誤ったものの組合せは(1)～(5)のうちどれか。

A　ボイラーに附設された被覆されていない金属製の煙突から0.3 m以内にある可燃性の物は，防火のため金属製の材料で被覆すること。

B　本体を被覆していない胴の内径600 mm，長さ1,200 mmのボイラーの外壁から，壁，配管その他ボイラーの側部にある構造物（検査及び掃除に支障のないものを除く。）までの距離は0.3 m以上とすること。

C　伝熱面積3 m^2の立てボイラーは，専用の建物又は建物の中の障壁なしで設置することができる。

D　ボイラー室には，労働者が緊急時に避難するのに支障がない場合を除き，2以上の出入口を設けること。

E　ボイラーの最上部から天井，配管その他のボイラーの上部にある構造物までの距離は1 m以上とすること。

(1)　A・B・C　　(2)　A・B・E
(3)　B・C・D　　(4)　C・D・E
(5)　A・D・E

問 36 Aは0.15 m以内（ボ則教本2.6.4(1)参照），Bは0.45 m以上（ボ則教本2.6.3(2)参照），Eは1.2 m以上（ボ則教本2.6.3(1)参照）。　答え (2)

問 37

「ボイラー室にA重油を貯蔵するときは，これをボイラーの外側から［　　］m 以上離しておかなければならない。ただし，ボイラーと燃料タンクとの間には障壁等はないものとする。」
上文中の［　　］内に入れる数字として，正しいものは次のうちどれか。

(1) 0.15　　(2) 0.3　　(3) 0.45
(4) 1.2　　(5) 2

問 38

「ボイラー（移動式ボイラー及び屋外式ボイラーを除く。）の外側から［ A ］m 以内にある可燃性の物については，金属以外の不燃性の材料で被覆しなければならない。ただし，ボイラーが，厚さ［ B ］mm 以上の金属以外の不燃性の材料で被覆されているときは，この限りでない。」
上文中の［　　］内に入れるAとBの数字の組合せとして，正しいものは次のうちどれか。

	A	B
(1)	0.15	100
(2)	0.3	80
(3)	0.45	60
(4)	1.2	40
(5)	2	20

問 37 燃料は，ボイラーの外側から 2 m 以上離して貯蔵しなければならない。ただし，固体燃料の場合，この距離は 1.2 m 以上あればよい。(ボ則教本 2.6.4(2)参照)

答え (5)

問 38 ボイラーとボイラーに附設された金属製の煙突又は煙道の外側 0.15 m 以内の可燃物は，金属以外の不燃物製の材料で被覆しなければならない。ただし，それらが厚さ 100 mm 以上の金属以外の不燃物で被覆されている場合は，この制限は受けない。(ボ則教本 2.6.4(1)参照)

答え (1)

4 ボイラー室及び管理

問 39

ボイラー取扱作業主任者が行うべき事項として，誤っているものは次のうちどれか。

(1) 急激な負荷の変動を与えないように努めること。
(2) 最高使用圧力を超えて圧力を上昇させないこと。
(3) 安全弁の機能の保持に努めること。
(4) 1週間に1回以上，水面測定装置の機能を点検すること。
(5) 適宜，吹出しを行い，ボイラー水の濃縮を防ぐこと。

問 40

ボイラー取扱作業主任者の職務として，法令に定められていないものは次のうちどれか。

(1) 圧力，水位及び温度を監視すること。
(2) 給水装置の機能の保持に努めること。
(3) 低水位燃焼遮断装置，火炎検出器その他の自動制御装置を点検し，及び調整すること。
(4) ボイラーについて異常を認めたときは，直ちに必要な措置を講ずること。
(5) 排出されるばい煙の測定濃度及びボイラー取り扱い中における異常の有無を記録すること。

問 39 水面測定装置の機能の点検は，原則として1日1回以上である。(ボ則 2.7.2(3)⑤参照)

答え (4)

※一定の安全機能を有する自動制御装置として所轄労働基準監督署長が認定したものを備えたボイラーについては，3日に1回以上とすることができる。

問 40 ボイラー取扱作業主任者の職務として，法令に10項目挙げられているが，(1)の温度の監視は定められていない。燃焼状態の監視が定められている。(ボ則教本 2.7.2(3)参照)

答え (1)

問 41

「事業者は，その設置するボイラーについて，当該ボイラーから排出されるばい煙による障害を予防するため，関係施設及び[　　　]の改善その他必要な措置を講ずることにより，ばい煙を排出しないように努めなければならない。」

上文中の[　　　]内に入れる用語として，正しいものは次のうちどれか。

(1) 吹出し方法　　(2) 給水方法

(3) 燃焼方法　　(4) ボイラー室への通風方法

(5) 火炎検出方法

問 42

「[　　　]の返り管については，凍結しないように保温その他の措置を講ずること。」

上文中の[　　　]内に入れる用語として，正しいものは次のうちどれか。

(1) 温水ボイラー　　(2) 節炭器　　(3) 給水装置

(4) 吹出し装置　　(5) 安全弁

問 41 事業者は，関係施設及び燃焼方法の改善，その他の措置を講じて，ばい煙（硫黄酸化物(SO_X)，窒素酸化物(NO_X)及びばいじん）を排出しないように努めなければならない。（ボ則教本 2.7.4 参照）

答え (3)

問 42 暖房などに温水を循環して使用する場合，放熱器からの環水（戻り水）の返り管が凍結したりして詰まるとボイラーに給水されなくなるので，それを避けるための管理をする。（ボ則教本 2.7.5 ⑧参照）

答え (1)

4 ボイラー室及び管理

問 43

附属品の管理についての説明として，誤っているものは次のうちどれか。

(1) 胴の安全弁は，過熱器用安全弁より先に作動するように調整すること。

(2) 逃がし管は，凍結しないように保温その他の措置を講ずること。

(3) 圧力計又は水高計は，使用中その機能を害するような振動を受けることがないようにし，かつ，その内部が凍結し，又は80℃以上の温度にならない措置を講ずること。

(4) 圧力計又は水高計の目盛には，当該ボイラーの最高使用圧力を示す位置に，見やすい表示をつけること。

(5) 蒸気ボイラーの常用水位は，ガラス水面計又はこれに接近した位置に，現在水位と比較することができるように表示すること。

問 44

附属品の管理についての説明として，正しいものは次のうちどれか。

(1) 安全弁は，最高使用圧力の6％増以下で作動するように調節することができる。

(2) 胴の安全弁は，過熱器用安全弁より先に作動するように調節することができる。

(3) 吹出し管は，凍結しないように保温その他の措置を講ずること。

(4) 圧力計は，その内部が凍結し，又は100℃以上の温度にならない措置を講ずること。

(5) 圧力計の目盛には，当該ボイラーの最高使用圧力を示す位置に，見やすい表示をすること。

問 43 常に過熱管内を蒸気が流れるように，過熱器の安全弁は胴の安全弁より先に作動するようにする。（ボ則教本 2.7.5 ②参照）

答え (1)

問 44 選択肢(1)については，［問 64］の解説を参照のこと。(2)過熱器の安全弁は，胴の安全弁より先に作動するように調節する。(3)凍結しないように保温その他の措置を講ずる管は，逃がし管と温水ボイラーの返り管である。(4)80℃以上の温度にならないように措置を講じる。（ボ則教本 2.7.5 参照）

答え (5)

問 45

「逃がし管及び温水ボイラーの[A]は，[B]しないように[C]その他の措置を講ずること。」
上文中の[　　]内に入れるA，B及びCの語句の組合せとして，正しいものは次のうちどれか。

	A	B	C
(1)	給水管	凍結	加熱
(2)	給水管	過熱	保温
(3)	返り管	凍結	保温
(4)	返り管	過熱	保温
(5)	給水管	凍結	保温

問 46

「事業者は，[　　]にあってはボイラー検査証又はその写しをボイラー取扱作業主任者に所持させなければならない。」
上文中の[　　]内に入れるボイラーの名称として，正しいものは次のうちどれか。

(1) 屋外式ボイラー
(2) 機関車形ボイラー
(3) 外だき横煙管ボイラー
(4) 移動式ボイラー
(5) パッケージボイラー

Ⅳ

解説

問 45 逃がし管又は温水ボイラーの返り管は凍結すると閉塞した状態となり，その役目を果たすことができなくなるので，保温その他の措置により，凍結を防ぐことが必要となる。（ボ則教本 2.7.5 ③及び⑧参照）
答え (3)

問 46 移動式ボイラーについては，ボイラー検査証又はその写しをボイラー取扱作業主任者に所持させる。（ボ則教本 2.7.6 ⑤参照）
答え (4)

4　ボイラー室及び管理

問 47

「事業者は，［　　］並びにボイラー取扱作業主任者の資格及び氏名をボイラー室その他のボイラー設置場所の見やすい箇所に掲示しなければならない。」
上文中の［　　］内に入れる用語として，正しいものは次のうちどれか。

(1)　安全弁の吹出し圧力
(2)　ボイラーの最大蒸発量
(3)　ボイラーの最高使用圧力
(4)　事業者の名称
(5)　ボイラー検査証

問 48

「ボイラーの点火を行うときは，ダンパ［ A ］し，燃焼室及び煙道の内部を十分に［ B ］した後でなければ，点火を行ってはならない。」
上文中の［　　］内に入れる A と B の用語の組合せとして，正しいものは次のうちどれか。

	A	B
(1)	の調子を点検	換気
(2)	を開放	清掃
(3)	を閉鎖	点検
(4)	を閉鎖	乾燥
(5)	を整備	調査

問 47 ボイラー室又はボイラー設置場所の見やすい箇所に示すのは，ボイラー検査証とボイラー取扱作業主任者の資格及び氏名である。（ボ則教本 2.7.6 ④参照）　答え (5)

問 48 ダンパの調子を点検して通風が円滑に行われることを確認し，火炉及び煙道の内部を十分換気（プレパージ）した後に点火する。（ボ則教本 2.7.7 参照）　答え (1)

問 49

「ボイラーの［　　　］を行うときは，1人で同時に2以上のボイラーの［　　　］を行ってはならない。」
上文中の［　　　］内に入れる用語として，正しいものは次のうちどれか。

(1) 掃除　(2) 運転　(3) スートブロー
(4) 吹出し　(5) 点火

問 50

「事業者は，労働者が掃除，修繕等のためボイラー又は煙道の内部に入るとき，ボイラー又は煙道の内部で使用する移動電線は，キャブタイヤケーブル又は同等以上の［　　　］及び強度を有するものを使用させること。」
上文中の［　　　］内に入れる用語として，正しいものは次のうちどれか。

(1) 柔軟性　(2) 耐熱効力　(3) 断熱効力
(4) 耐火効力　(5) 絶縁効力

問 49 吹出しについては，①1人で同時に2以上のボイラーの吹出しを行わないこと。②吹出しを行う間は，他の作業を行わないこととなっている。これは，不十分な監視によりボイラーが低水位になるのを防止するためである。（ボ則教本 2.7.8 参照）

答え (4)

問 50 絶縁効力が低いと，マンホールや煙道との摩擦でショートし感電事故が予想される。（ボ則教本 2.7.10 (1) ③参照）

答え (5)

5 定期自主検査及び性能検査

問 51

「事業者は，ボイラー（小型ボイラーを除く。）について，その使用を開始した後，[　　]以内ごとに１回，定期的に自主検査を行わなければならない。ただし，[　　]を超える期間使用しないボイラーの当該使用しない期間においては，この限りでない。」
上文中の[　　]内に入れる期間として，正しいものは次のうちどれか。

(1) 7日　(2) 10日　(3) 1ヶ月
(4) 半年　(5) 1年

問 52

「事業者は，定期自主検査を行ったときは，その結果を記録し，これを[　　]保存しなければならない。」
上文中の[　　]内に入れる期間として，正しいものは次のうちどれか。

(1) 1年間　(2) 3年間　(3) 5年間
(4) 6年間　(5) 10年間

問 51 ボイラーの定期自主検査は，1ヶ月以内ごとに行う。（ボ則教本 2.7.9(1)参照）

答え (3)

問 52 定期自主検査記録の保存期間は，3年間である。（ボ則教本 2.7.9(3)参照）

答え (2)

問 53

次表は規則に定められた定期自主検査の一部である。

項目		点検事項
燃焼装置	□	汚れ又は損傷の有無
	ストレーナ	つまり又は損傷の有無
自動制御装置	水位調節装置	機能の異常の有無
附属装置及び附属品	給水装置	損傷の有無及び作動の状態

表中の□内に入れる用語として，正しいものは次のうちどれか。

(1) スートブロワ　　(2) 火炎検出装置
(3) 空気予熱器　　(4) バーナ
(5) 電気配線

問 53 規則で定められた定期自主検査項目は，ボ則教本 2.7.9 表 2.2 のとおりであるが，これは最小限の項目であり，必要に応じて他の項目も行う。(ボ則教本 2.7.9(2) 参照)

答え (4)

5 定期自主検査及び性能検査

問54

「ボイラー検査証の有効期間は，原則として□とする。」
上文中の□内に入れる期間として，正しいものは次のうちどれか。

(1) 6ヶ月　(2) 10ヶ月　(3) 1年
(4) 2年　(5) 3年

問55

「ボイラー検査証の有効期間の更新を受けようとする者は，ボイラー検査証の有効期間が満了する前に，[A]に，ボイラー並びにボイラー室，ボイラー及びその[B]の配置状況，ボイラーの基礎並びに燃焼室及び[C]の構造について[D]検査を受けなければならない。」
上文中の□内に入れるA，B，C及びDの語句の組合せとして，正しいものは次のうちどれか。

	A	B	C	D
(1)	登録性能検査機関	附属品	通風装置	性能
(2)	登録性能検査機関	配管	煙道	性能
(3)	登録製造時等検査機関	附属品	通風装置	落成
(4)	登録製造時等検査機関	配管	煙道	性能
(5)	登録性能検査機関	配管	通風装置	落成

問54 性能検査を実施した者は，性能検査に合格したボイラーの検査証の有効期間を更新するが，有効期間は原則として1年である。（ボ則教本 2.3.1 ⑥参照）
答え (3)

問55 ボイラー検査証の有効期間は通常1年であるが，有効期間の更新を受けようとする者は，有効期限が満了する前に，登録性能検査機関（登録性能検査機関がない場合は，所轄労働基準監督署長）の性能検査を受けなければならない。何について性能検査を受けようとするかは，ボ則教本 2.2.3 ③の落成検査の内容と同じである。（ボ則教本 2.3.1 参照）
答え (2)

問 56

ボイラーの性能検査についての説明として，誤っているものは次のうちどれか。

(1) 使用を廃止したボイラーを再び使用しようとする者は，性能検査を受けなければならない。

(2) 性能検査は登録性能検査機関又はそれがない場合は，所轄労働基準監督署長が行う。

(3) ボイラー検査証の有効期間の更新を受けようとする者は，性能検査を受けなければならない。

(4) 性能検査を受ける者は，性能検査に立ち会わなければならない。

(5) 性能検査は，ボイラー検査証の有効期間が満了するまでに受検しなければならない。

問 57

ボイラー（小型ボイラーを除く。）の事故報告書を所轄労働基準監督署長に提出しなければならない場合は，次のうちどれか。

(1) 水面計のガラス管が破損した場合。

(2) 煙管が焼損した場合。

(3) 煙道ガスが爆発した場合。

(4) 鋳鉄製ボイラーのセクションに，き裂が生じた場合。

(5) 水管が変形した場合。

問 56 選択肢(1)の廃止したボイラーを再び使用するのは，性能検査でなく使用検査である。（ボ則教本 2.2.5(1)①及び 2.3 参照）

答え (1)

問 57 ボイラーの破裂，煙道ガスの爆発又は破裂に至らなくても，炉筒の圧かいなど，もう少し発見が遅れれば破裂に至るような事故は，遅滞なく事故報告書を所轄労働基準監督署長に提出しなければならない。なお，水管や煙管の破裂変形は事故報告の対象とならない。（ボ則教本 2.7.11 参照）

答え (3)

5 定期自主検査及び性能検査

問 58

「事業者は，小型ボイラーについて，その使用を開始した後，[　　　]以内ごとに１回，定期的に定められた自主検査を行わなければならない。」
上文中の[　　　]内に入れる期間として，正しいものは次のうちどれか。

(1) 1ヶ月　(2) 2ヶ月　(3) 3ヶ月
(4) 6ヶ月　(5) 1年

問 58 ボイラーの定期自主検査は1ヶ月以内ごとに行わなければならない（ボ則教本 2.7.9 参照）が，小型ボイラーでは1年以内ごとである。（ボ則教本 3.5(1)参照）

答え (5)

6 変更及び休止

問 59

ボイラー（小型ボイラーを除く。）の燃焼装置を変更しようとする事業者が，ボイラー変更届を所轄労働基準監督署長に提出しなければならない期限は，下記のうちどれか。

(1) 変更工事開始の日の 30 日前まで
(2) 変更工事開始の日の 15 日前まで
(3) 変更工事完了後遅滞なく
(4) 変更検査実施前まで
(5) 変更検査後遅滞なく

問 60

ボイラー休止報告をしたボイラーを再び使用し始めるとき，所轄労働基準監督署長に対して行わなければならない手続きとして，正しいものは次のうちどれか。

(1) ボイラー検査証の有効期間延長届
(2) 使用をはじめる旨の報告
(3) 使用再開検査申請
(4) 使用検査申請
(5) 性能検査申請

問 59 変更届は，変更工事開始日の 30 日前までに所轄労働基準監督署長に提出する。（ボ則教本 2.4.1(1)参照）

答え (1)

問 60 使用を休止したボイラーを再び使用するときは，所轄労働基準監督署長に使用再開検査を申請しなければならない。（ボ則教本 2.4.4 参照）

答え (3)

6 変更及び休止

問61

ボイラー（小型ボイラーを除く。）の次の部分を変更するに当たって，ボイラー変更届を所轄労働基準監督署長に提出する必要のないものはどれか。

(1) 炉筒煙管ボイラーの炉筒
(2) 立て煙管ボイラーの管板
(3) 水管ボイラーの水管
(4) 鋳鉄製ボイラーの据付基礎
(5) 外だき横煙管ボイラーの管ステー

問62

ボイラーの次の部分又は設備を変更しようとする場合，法令上，ボイラー変更届を所轄労働基準監督署長に提出する必要がないものはどれか。

(1) 胴又はドラム (2) 管寄せ (3) 燃焼装置
(4) 空気予熱器 (5) エコノマイザ（節炭器）

問61 胴，炉筒，鏡板，管板，管寄せ又はステーなどを変更しようとする事業者は，変更届を所轄労働基準監督署長に提出する。ただし，煙管，水管の取替えには変更届を必要としない。（ボ則教本 2.4.1(1)参照）
答え (3)

問62 次に掲げる部分又は設備を変更しようとするものは，ボイラー変更届を所轄労働基準監督署長に提出しなければならない。
1. 胴，ドーム，炉筒，火室，鏡板，天井板，管板，管寄せ又はステー
2. 附属設備（過熱器，節炭器に限る） 3. 燃焼装置 4. 据付基礎
したがって，空気予熱器は附属設備に含まれないので，変更届は不要である。（ボ則教本 2.4.1(1)参照）
答え (4)

問 63

「設置されたボイラーに関し事業者に変更があったときは，変更後の事業者は，その変更後［　　　］以内に，ボイラー検査証書替申請書にボイラー検査証を添えて，所轄労働基準監督署長に提出し，書替えを受けなければならない。」
上文中の［　　　］内に入れる日数として，正しいものは次のうちどれか。

(1) 10 日　　(2) 14 日　　(3) 21 日
(4) 30 日　　(5) 40 日

問 63 ボイラーを承継する事業者が変更になる場合，変更後 10 日以内にボイラーに関する事業者の変更を所轄労働基準監督署長に提出しなければならない。（ボ則教本 2.4.2 参照）

答え (1)

7 安全弁，逃がし弁及び逃がし管

問 64

「事業者は，ボイラー（小型ボイラーを除く。）の安全弁が［ A ］個以上ある場合において，1 個の安全弁を最高使用圧力以下で作動するように調整したときは，他の安全弁を最高使用圧力の［ B ］%増以下で作動するように調整することができる。」
上文中の［　　］内に入れる A と B の数字の組合せとして，正しいものは次のうちどれか。

	A	B
(1)	2	3
(2)	2	6
(3)	3	5
(4)	3	4
(5)	3	6

問 65

最高使用圧力 2 MPa の水管ボイラーの A，B 2 個の安全弁の作動圧力（吹出し圧力）の調整について，正しい組合せは次のうちどれか。

	A	B
(1)	1.98 MPa	2.08 MPa
(2)	2.01 MPa	2.03 MPa
(3)	1.93 MPa	2.07 MPa
(4)	1.99 MPa	2.06 MPa
(5)	2.02 MPa	2.02 MPa

問 64 安全弁は，最高使用圧力以下で作動するように調整する。ただし，安全弁が 2 個以上ある場合には，1 個の安全弁を最高使用圧力以下で作動するように調整し，他の安全弁は最高使用圧力の 3%増以下で作動するよう調整することができる。（ボ則教本 2.7.5 ①参照）

答え (1)

問 65 ［問 64］の解説参照。A は 2.0 MPa 以下，B は $2 \times 1.03 = 2.06$ MPa 以下，よって (4) が正しい。（ボ則教本 2.7.5 ①参照）

答え (4)

問 66

「伝熱面積 150 m^2 の鋼製蒸気ボイラーには，2 個以上の安全弁を備えなければならないが，伝熱面積［　　］m^2 以下の蒸気ボイラーにあっては，1 個とすることができる。」
上文中の［　　］内に入れる数字として，正しいものは次のうちどれか。

(1) 14　(2) 25　(3) 50
(4) 75　(5) 100

問 67

「水の温度が 120℃を超える温水ボイラーには，［　　］を備えなければならない。」
上文中の［　　］内に入れる用語として，正しいものは次のうちどれか。

(1) 逃がし弁　(2) 安全弁　(3) 逃がし管
(4) 温度水高計　(5) 吹出し管

問 66 伝熱面積 50 m^2 以下の蒸気ボイラーでは，安全弁を 1 個とすることができる。（ボ則教本 12.1.1（1）参照）
答え (3)

問 67 水の温度が 120℃を超える温水ボイラーは，逃がし弁でなく安全弁を備えなければならない。（ボ則教本 12.1.2 ②参照）
答え (2)

7 安全弁，逃がし弁及び逃がし管

問 68

「水の温度が［ A ］℃を超える温水ボイラーには，［ B ］を［ C ］以下に保持することができる［ D ］を備えなければならない。」
上文中の［　　］内に入れるA～Dの用語として，正しい組合せはどれか。

	A	B	C	D
(1)	120	圧力	最高使用圧力	逃がし弁
(2)	130	温度	最高使用温度	逃がし弁
(3)	130	温度	最高使用温度	逃がし管
(4)	120	圧力	最高使用圧力	安全弁
(5)	130	圧力	最高使用圧力	逃がし管

問 69

鋼製蒸気ボイラー本体の安全弁についての記述として，正しいものは次のうちどれか。

(1) 蒸気ボイラーには，必ず2個以上の安全弁を備える。
(2) 1個の安全弁を逃がし弁に換えることができる。
(3) 安全弁は，過熱器出口に設けてはならない。
(4) 安全弁は，内部の圧力を最高使用圧力に3%を加えた圧力（その値が0.034 MPa未満のときは，0.034 MPa）以下に保持するものではなくてはならない。
(5) 安全弁は，ボイラー本体に直接取り付け，かつ，弁軸を鉛直に取り付けなければならない。

問 68 水の温度が120℃以下の温水ボイラーには，圧力が最高使用圧力に達すると直ちに作用する逃がし弁を備えなければならない。また，水の温度が120℃を超える温水ボイラーには，逃がし弁ではなく，安全弁を備えなければならない。（ボ則教本 12.1.2(1) 参照）

答え (4)

問 69 安全弁は，容易に検査できる位置に，弁軸を鉛直に取り付ける。（ボ則教本 12.1.1(3) 参照）

答え (5)

問 70

ボイラーの安全装置についての記述として，誤っているものは次のうちどれか。

(1) 蒸気ボイラーの安全弁は，内部の圧力を最高使用圧力以下に保持しなければならない。
(2) 過熱器の安全弁は，過熱器の入口付近に設けなければならない。
(3) 伝熱面積 50 m^2 以下の蒸気ボイラーにあっては，安全弁を 1 個とすることができる。
(4) ボイラー取扱作業主任者は，安全弁の機能の保持に努めなければならない。
(5) 水の温度が 120℃を超える温水ボイラーには，安全弁を備えなければならない。

問 70 過熱器の安全弁は，蒸気が過熱器を通過して過熱器の温度が設計温度以下に保持することができるように，過熱器の出口に設けなければならない。(ボ則教本 12.1.1(5)参照)

答え (2)

8 圧力計，水高計及び水面測定装置

問 71

「ガラス水面計は，そのガラス管の最下部が［　　　］を指示する位置となるように取り付けなければならない。」
上文中の［　　　］内に入れる用語として，正しいものは次のうちどれか。

(1) 常用水位
(2) 安全低水面
(3) 標準水面
(4) 危険水位
(5) 最低水面

問 72

最高使用圧力 0.8 MPa の炉筒煙管ボイラーの本体に取り付ける圧力計の目盛盤の最大指度の範囲で，正しいのは次のうちどれか。

(1) 0.8～1.5
(2) 1.0～2.0
(3) 1.5～2.0
(4) 1.5～2.5
(5) 2.0～3.0

問 71 ガラス水面計のガラスの最下部は，使用中に維持しなければならない水面（安全低水面）を指示する位置に取り付ける。安全低水面は，教本 2.1.6(1)(b)，最短合格 2.1.6 [1]参照のこと。（ボ則教本 12.1.4(1)②参照）　答え (2)

問 72 圧力計の目盛りの最大指度は，最高使用圧力の 1.5 倍以上 3 倍以下とされているので，最高使用圧力 0.8 MPa のボイラーの圧力計の最大指度は 1.2～2.4 MPa としなければならない。この条件に合うのは(3)である。（ボ則教本 12.1.3(1)③参照）　答え (3)

問 73

「圧力計又は水高計は，使用中その機能を害するような振動を受けることがないようにし，かつ，その内部が凍結し，□□□の温度にならない措置を講ずること。」
上文中の□□□内に入れる用語として，正しいものは次のうちどれか。

(1) 50 度以下
(2) 50 度以上
(3) 80 度以下
(4) 80 度以上
(5) 100 度以上

問 74

最高使用圧力 0.8 MPa の炉筒煙管ボイラー本体に取り付ける圧力計に関する規定として，誤っているものは次のうちどれか。

(1) 圧力計のコック又は弁の開閉状況を容易に知ることができること。
(2) 目盛盤には，0.8 MPa のところに見やすい表示をしなければならない。
(3) 圧力計のコックは，サイホン管の垂直な部分に取り付けなければならない。
(4) 蒸気は，直接圧力計に導いて測ること。
(5) 目盛盤の最大指度は，1.2 MPa 以上 2.4 MPa 以下としなければならない。

問 73 圧力計又は温水ボイラーに取り付ける水高計（機能はまったく同一であるが，圧力計は MPa で表示され，水高計は m（水柱）で表示される。）は，高温になるとブルドン管の動きに誤差が生じるので，80℃以上にならないようにする。（ボ則教本 2.7.5 ④，教本 2.2.1(1)①，最短合格 2.2.1 1参照）
答え (4)

問 74 蒸気の圧力計は，蒸気が直接圧力計に導かれると，内部のブルドン管が熱せられ誤差を生じるおそれがあるので，途中にサイホン管などを取り付け，その中に水を入れ，蒸気が直接入らないようにしておく。（ボ則教本 12.1.3(1)②(i)，教本 1.8.1(1)(a)，最短合格1.7.1 1 B 参照）
答え (4)

8　圧力計，水高計及び水面測定装置

問 75

「水高計の目盛には，当該ボイラーの[　A　]を示す位置に，見やすい表示をすること。
蒸気ボイラーの[　B　]は，ガラス水面計又はこれに接近した位置に，現在水位と比較することができるように表示すること。
圧力計の目盛盤の最大指度は，[　C　]の 1.5 倍以上 3 倍以下の圧力を示す指度としなければならない。」
上文中の[　　　]内に入れる A，B 及び C の用語の組合せとして，正しいものは次のうちどれか。

	A	B	C
(1)	最高使用圧力	安全水面	常用圧力
(2)	最高使用圧力	常用水位	最高使用圧力
(3)	常用圧力	安全低水面	常用圧力
(4)	最高使用圧力	標準水位	常用水位
(5)	安全低水面	常用水位	常用圧力

問 76

「ガラス水面計は，随時，掃除及び[　　　]を行うことができる構造としなければならない。」
上文中の[　　　]内に入れる語句として，正しいものは次のうちどれか。

(1) 容易に分解　　(2) 点検　　(3) ガラスの交換
(4) 漏れの点検　　(5) パッキンの交換

問 75 A 及び B は，ボ則教本 2.7.5 ⑤⑥を参照，C については，ボ則教本 12.1.3(1)③を参照。
答え (2)

問 76 (1)～(5)は，すべてガラス水面計に必要な要件であるが，点検はこれらを包括する。(ボ則教本 12.1.4(1)④参照)
答え (2)

問 77

水面測定装置についての記述として，正しいものは次のうちどれか。

(1) 胴の内径が 1,000 mm の蒸気ボイラーには，1 個以上のガラス水面計を取り付けること。
(2) ガラス水面計は，そのガラス管の最下部が安全低水面を指示する位置に取り付けること。
(3) ガラス水面計は，性能検査の分解時のみ掃除及び点検できる構造でよい。
(4) 最高使用圧力 1.8 MPa 以上のボイラーに使用する水柱管は，鋳鉄製とすることができる。
(5) 水柱管及びボイラーを結ぶ蒸気側の連絡管を取り付ける口は，水面計で見ることのできる最高水位の下でも良い。

問 78

「鋼製蒸気ボイラー（貫流ボイラーを除く。）には，ボイラー本体又は水柱管に，2 個以上のガラス水面計を取り付けなければならない。ただし，胴の内径が［　　　］mm 以下の蒸気ボイラーにあっては，1 個をガラス水面計でない水面測定装置とすることができる。」
上文中の［　　　］内に入れる数字として，正しいものは次のうちどれか。

(1) 500　(2) 750　(3) 1,000
(4) 1,300　(5) 1,500

問 77 (1)は，胴の内径が 750 mm を超えるボイラーには，2 個以上のガラス水面計が必要。(3)は，分解時のみではなく随時。(4)は，最高使用圧力 1.6 MPa を超えるボイラーの水柱管は鋳鉄製としてはならない。(5)は，最高水位の上とすること。（ボ則教本 12.1.4 参照）

答え (2)

問 78 原則として，ガラス水面計は 2 個以上設けて，1 個に不具合を生じても確実に水位を監視できるようにする。ただし，胴の内径が 750 mm 以下の小型のボイラー，遠隔水面測定装置を 2 個取り付けたボイラーでは，1 個をガラス水面計でない水面測定装置とすることができる。（ボ則教本 12.1.4(1)①参照）

答え (2)

8　圧力計，水高計及び水面測定装置

問 79

圧力計又は水高計の目盛には，当該ボイラーの［　　］を示す位置に，見やすい表示をすること。」

上文中の［　　］内に入れる用語として，正しいものは次のうちどれか。

(1)　安全低水面　　(2)　常用圧力　　(3)　常用水位
(4)　最高使用圧力　　(5)　危険水位

問 80

「ボイラーと水柱管又は水面計を結ぶ水側の連絡管又は水面計の取り付け口は［A］で見ることができる［B］より［C］であってはならない。」

上文中の［　　］内に入れるA，B及びCの用語として，正しい組合せはどれか。

	A	B	C
(1)	水面計	安全低水面	下
(2)	圧力計	圧力	上
(3)	水面計	最高水位	下
(4)	水面計	最低水位	上
(5)	圧力計	圧力	下

問 79 圧力計又は水高計の目盛りには，最高使用圧力を示す位置に見やすい表示をして，最高使用圧力を超えた運転をしないよう喚起する。（ボ則教本 2.7.5 ⑤参照）　答え (4)

問 80 水側連絡配管は，水柱管又は水面計にスラッジなどが溜まらないように，ボイラー側を水面計で見ることのできる最低位置より下に設ける。（ボ則教本 12.1.4(3)参照）
答え (4)

問 81

「験水コックは，その最下位のものを［　　　］の位置に設けなければならない。」
上文中の［　　　］内に入れる用語として，正しいものは次のうちどれか。

(1)　安全低水面
(2)　水側連絡管取り付け口
(3)　水柱管の最下部
(4)　ガラス水面計のガラス管
(5)　ガラス水面計

問 82

「鋼製の蒸気ボイラーにおいて，ガラス水面計でない水面測定装置として験水コックを用いる場合には，験水コックを［ A ］取り付けなければならない。ただし，胴の内径が［ B ］以下で，かつ，伝熱面積が 10 m^2 未満の蒸気ボイラーにあっては［ C ］とすることができる。」
上文中の［　　　］内に入れる A，B 及び C の用語として，正しい組合せはどれか。

	A	B	C
(1)	2 個	500 mm	1 個
(2)	2 個	1,000 mm	1 個
(3)	3 個以上	750 mm	2 個
(4)	3 個以上	1,000 mm	2 個
(5)	4 個	1,000 mm	3 個

問 81 験水コックはガラス水面計に代わるものであるため，その最下位のコックは安全低水面の位置に設ける。（ボ則教本 12.1.4(4)②参照）
答え (1)

問 82 ガラス水面計に代わる験水コックは，ガラス水面計のガラス管と同等の位置にコックを 3 個以上取り付けなければならないが，胴の内径が 750 mm 以下で，かつ，伝熱面積が 10 m^2 未満の小型のボイラーには 2 個とすることができる。（ボ則教本 12.1.4(4)①参照）
答え (3)

9　給水装置，蒸気止め弁，吹出し装置

問 83

「貫流ボイラーには，起動時にボイラー水が不足した場合及び運転時にボイラー水が不足した場合に，自動的に□装置又はこれに代わる安全装置を設けなければならない。」
上文中の□内に入れる語句として，正しいものは次のうちどれか。

(1)　予備の給水ポンプが始動する
(2)　蒸気取出し弁を閉じる
(3)　吹出し弁を閉じる
(4)　燃料の供給を遮断する
(5)　警報を発生する

問 84

鋼製ボイラーの給水装置等に関する規定として，誤っているものは次のうちのどれか。

(1)　固体燃料を移動床火格子で燃焼する蒸気ボイラーにあっては，給水装置を1個とすることができる。
(2)　給水装置は，1月以内ごとに1回定期的に自主検査をしなければならない
(3)　最高使用圧力 0.8 MPa の炉筒煙管蒸気ボイラーには，給水弁及び逆止め弁を取り付けなければならない。
(4)　給水内管は，取外しができる構造のものでなければならない。
(5)　近接した蒸気ボイラー2基を結合して使用する場合には，給水装置を両ボイラーに共通のものとすることができる。

問 83　貫流ボイラーは，胴がなく保有水量が少ないので，起動時又は運転時にボイラー水が不足した場合は，直ちに燃料の供給を止めて燃焼を遮断しなければならない。（ボ則教本 12.1.8(3)参照）
答え (4)

問 84　固体燃料の火格子燃焼では，燃料を遮断しても火格子上の燃料が燃焼を継続するので，給水装置を2個備えなければならない。（ボ則教本 12.1.5(1)③参照）
答え (1)

問 85

最高使用圧力 1 MPa，伝熱面積 100 m^2，最大蒸発量 5,000 kg/h の炉筒煙管ボイラー（低水位燃料遮断装置を有しないもの）用の給水装置の一つが

電動給水ポンプ　3,000 kg/h　1 台

電動給水ポンプ　2,000 kg/h　1 台

の 2 台を結合したものである場合，他の給水装置に要求される最小の給水能力として正しいものは次のうちどれか。

(1)　5,000 kg/h　　(2)　4,000 kg/h　　(3)　3,000 kg/h

(4)　2,000 kg/h　　(5)　1,250 kg/h

問 86

ボイラーの給水装置に関する規定として，誤っているものは次のうちどれか。

(1)　伝熱面積 40 m^2 の炉筒煙管ボイラー（低水位燃料遮断装置を有しないもの）には，2 個以上の給水装置を備えなければならない。

(2)　貫流ボイラー及び 0.1 MPa 未満の蒸気ボイラーには，給水逆止め弁を設けなくともよい。

(3)　貫流ボイラーにあっては，給水管の逆止め弁を省略して給水弁だけとすることができる。

(4)　近接した蒸気ボイラー 2 基を結合して使用する場合には，自動給水調整装置を両ボイラーに共通のものとすることができる。

(5)　給水内管は，取りはずしができる構造のものでなければならない。

問 85　この場合，給水装置は 2 台以上の給水ポンプを結合したものであるため，他の給水装置（予備の給水装置）は最大連続蒸発量の 25 ％以上で，かつ，2 台以上の給水ポンプを結合した給水装置のうちの最大の給水能力とすることができる。（ボ則教本 12.1.5(1)③参照）

答え (3)

問 86　近接した 2 以上の蒸気ボイラーを結合して使用する場合には，それらの蒸気ボイラーを 1 の蒸気ボイラーとみなして給水装置を設けて良いが，自動給水調整装置は蒸気ボイラーごとに独立して設けなければならない。（ボ則教本 12.1.8(1)参照）

答え (4)

9　給水装置，蒸気止め弁，吹出し装置

問 87

「最高使用圧力が［　　　］以上の蒸気ボイラー（移動式ボイラーを除く。）の吹出し管には，吹出し弁を 2 個以上又は吹出し弁と吹出しコックをそれぞれ 1 個以上直列に取り付けなければならない。」
上文中の［　　　］内に入れるものとして，正しいものは次のうちどれか。

(1)　0.1 MPa　　(2)　0.3 MPa　　(3)　0.5 MPa
(4)　1.0 MPa　　(5)　1.5 MPa

問 88

過熱器に備えなければならないものは，次のうちどれか。

(1)　清浄剤投入口　　(2)　ドレン抜き
(3)　循環弁　　(4)　過熱度計
(5)　乾き度計

問 87　最高使用圧力 1 MPa 以上の蒸気ボイラーの吹出し管には，吹出し弁を 2 個以上又は吹出し弁と吹出しコックをそれぞれ 1 個以上取り付けなければならない。（ボ則教本 12.1.6(2)①参照）

答え (4)

問 88　過熱器には，ドレン抜きを備えなければならない。過熱器のドレン抜きは，ボイラーの起動時に主蒸気弁が閉じている状態の送気前に，過熱器に蒸気を流して過熱管を保護する。（ボ則教本 12.1.6(1)③参照）

答え (2)

問 89

鋼製ボイラーの蒸気止め弁及び吹出し装置についての説明として，誤っているものは次のうちどれか。

(1) 最高使用圧力 0.3 MPa のボイラーの蒸気止め弁は，0.7 MPa の圧力に耐えるものを使用することができる。

(2) 蒸気止め弁は，これを取り付けるボイラーの最高蒸気温度に耐えるものでなければならない。

(3) 最高使用圧力 1 MPa の炉筒煙管ボイラーの吹出し管には，吹出しコック 2 個を直列に取り付ければよい。

(4) 最高使用圧力 0.7 MPa の立て煙管ボイラーの吹出し管には，吹出しコック 1 個を取り付ければよい。

(5) 最高使用圧力 0.8 MPa のボイラーの吹出し管には，吹出しコック 1 個を取り付ければよい。

問 89 最高使用圧力 1 MPa 以上の蒸気ボイラーには，吹出し弁を 2 個以上又は吹出し弁と吹出しコックをそれぞれ 1 個以上設けなければならないので，吹出しコックのみを 2 個以上設けるのは誤り。（ボ則教本 12.1.6(2)①(ii)参照）　答え (3)

10 附属品及び附属装置

問 90

貫流ボイラーについての記述として，正しいものは次のうちどれか。

(1) 水室の最下部に直結する吹出し管を備え，かつ，これに吹出し弁又は吹出しコックを取り付けなければならない。

(2) ボイラー本体又は水柱管に，2 個以上のガラス水面計を取り付けなければならない。

(3) 伝熱面積 100 m^2 未満の蒸気ボイラーにあっては，安全弁を 1 個以上備えればよい。

(4) 最大蒸発量以上の吹出し量の安全弁を過熱器の出口に取り付けることができる。

(5) ボイラー水が不足した際に，自動的に予備の給水装置が始動する装置又はこれに代わる安全装置を備えなければならない。

問 91

ボイラーの附属品に関する規定として，誤っているものは次のうちどれか。

(1) ガラス水面計は，そのガラス管の最下部が安全低水面を指示する位置に取り付けなければならない。

(2) ガラス水面計は，随時，掃除及び点検を行うことができる構造としなければならない。

(3) 貫流ボイラーには，ボイラー水が不足した際に自動的に燃料の供給を遮断する装置又はこれに代わる安全装置を備えなければならない。

(4) 過熱器には，ドレン抜きを備えなければならない。

(5) ドレンがたまる位置に蒸気止め弁を設ける場合には，この弁を逆止め弁としなければならない。

問 90 貫流ボイラーは，管系の一端から給水して他端より蒸気を取り出すので，ボイラー内で給水中の不純物が濃縮されず，吹出し装置は不要である。さらに，貫流ボイラーは胴を有せず，液面が現れないので，水面計を必要としない。また，貫流ボイラーは気水の流れが一方向のため，安全弁は蒸気の出口部（過熱器の出口部）に取り付けることができる。（ボ則教本 12.1.1(5)②，12.1.4(1)②，12.1.6(2)①参照）

答え (4)

問 91 ドレンがたまる位置に蒸気止め弁を設ける場合は，ドレン抜き（ドレン弁など）を備えなければならない。逆止め弁は，逆流防止の弁である。（ボ則教本 12.1.6(1)②参照）

答え (5)

問 92

「微粉炭燃焼装置には [A] を設けなければならない。[A] の位置がボイラー技士の作業場所から [B] 以内にあるときは，そのボイラーの爆発ガスを安全な方向へ [C] 装置を設けなければならない。」
上文中の [　　] 内に入れる A，B 及び C の語句の組合せとして，正しいものは次のうちどれか。

	A	B	C
(1)	爆発戸	3 m	分散させる
(2)	重油バーナ	2 m	導かせる
(3)	重油バーナ	3 m	分散させる
(4)	ガスバーナ	5 m	導かせる
(5)	爆発戸	2 m	分散させる

問 92 微粉炭燃焼装置には，炭じん爆発の際に，爆発ガスを逃がすために爆発戸が設けられる。また，爆発戸の位置がボイラー技士の作業場所から 2 m 以内と近い場合は，ボイラー技士の危険を避けるため，爆発ガスを分散させる装置が必要となる。（ボ則教本 12.1.7(2)参照）

答え (5)

11 鋳鉄製ボイラー

問 93

「次のボイラーは，鋳鉄製とすることはできない。

1. 圧力 0.1 MPa を超えて使用する［ A ］。
2. 圧力［ B ］（規定する破壊試験を行って最高使用圧力を算定する場合は 1 MPa まで）を超える温水ボイラー。
3. 温水温度［ C ］を超える温水ボイラー。」

上文中の［　］内に入れる A，B 及び C の語句の組合せとして，正しいものは次のうちどれか。

	A	B	C
(1)	温水ボイラー	0.3 MPa	120℃
(2)	蒸気ボイラー	0.5 MPa	120℃
(3)	温水ボイラー	0.3 MPa	80℃
(4)	蒸気ボイラー	0.3 MPa	80℃
(5)	温水ボイラー	0.5 MPa	120℃

問 94

「鋳鉄製温水ボイラーでゲージ圧力が 0.3 MPa を超えるものには，温水温度が［　］℃を超えないよう温水温度自動制御装置を設けなければならない。」

上文中の［　］内に入れる数字として，正しいものは次のうちどれか。

(1) 80　(2) 100　(3) 110

(4) 120　(5) 130

問 93 鋳鉄は腐食には強いが耐圧強さが弱く，また，もろいので，その使用圧力，温度に制限が設けられている。（ボ則教本 12.2 参照）

答え (2)

問 94 鋳鉄は腐食に強いがもろいため，鋳鉄製温水ボイラーは 120℃を超える温水に使用できない。さらに，圧力が 0.3 MPa を超える鋳鉄製温水ボイラーには，温水温度が 120℃を超えないように，温水の温度自動制御装置を設けることが要求されている。（ボ則教本 12.2.4(3)参照）

答え (4)

問 95

「鋳鉄製ボイラーにおいて，給水が水道その他圧力を有する水源から供給される場合には，この水源に係る管を［　　　］に取り付けなければならない。」

上文中の［　　　］内に入れる用語として，正しいものは次のうちどれか。

(1) 蒸気管　　(2) 吹出し管　　(3) 返り管
(4) 逃がし管　　(5) 膨張管

問 96

開放型膨張タンクに通ずる逃がし管を備えた鋳鉄製温水ボイラーに取り付けなければならない附属品は，次のうちどれか。

(1) 験水コック
(2) 逃がし弁
(3) 温度計
(4) 吹出し管
(5) 水柱管

問 95 給水が水道，その他圧力を有する水源から供給される場合には，ボイラー水が逆流して水位が異常低下することがないように，給水管を返り管に取り付けなければならない。（ボ則教本 12.2.6 参照）

答え (3)

問 96 開放型膨張タンクに通ずる逃がし管は，所定以上に圧力が上昇した場合はボイラー水を逃がすので，逃がし弁又は安全弁は不要である。温水ボイラーには，ボイラー出口付近に温水温度を表示する温度計を取り付けなければならない。（ボ則教本 12.2.2 (2) (3) 及び 12.2.3 (3) 参照）

答え (3)

メモ

メモ

メモ

日本ボイラ協会支部が開催する主な講習会

◇ 二級ボイラー技士免許試験受験準備講習

二級ボイラー技士を目指す方のために、合格のポイントをわかりやすく解説し、全員合格を目指して行われる受験準備のための講習です。

二級だけでなく、一級、特級のボイラー技士やボイラー溶接士免許試験の受験者向けの講習会も開催しています。

◇ ボイラー実技講習

二級ボイラー技士免許を取得するには、学科試験に合格するほか、一定の実務経験などが必要になります。

本講習会は、この実務経験などの一つに位置付けられており、ボイラー取扱いなどの経験を得る機会のない方に向けた講習です。

ボイラー実技講習

このほか、当協会の各支部では、ボイラー取扱技能講習、小型ボイラー取扱業務特別教育などの講習会を開催しています。詳しくは、P.230の「一般社団法人 日本ボイラ協会 支部所在地一覧」をご覧の上、最寄りの支部へ直接お尋ねいただくか、各支部ホームページをご覧ください。

一般社団法人 日本ボイラ協会　支部所在地一覧

支部名	〒	住　所	TEL
北海道	060-0807	札幌市北区北 7 条西 2-20　NCO 札幌駅北口 8 階	011-717-8636
宮　城	980-0011	仙台市青葉区上杉 3-3-48　同心ビル 2 階	022-224-2245
福　島	960-8041	福島市大町 4-4　東邦スクエアビル 3 階	024-522-6718
茨　城	310-0022	水戸市梅香 1-5-5　茨城県 JA 会館分館 3 階	029-225-6185
栃　木	321-0962	宇都宮市今泉町 847-22　利一ビル 3 階	028-621-3431
群　馬	371-0805	前橋市南町 4-30-3　勢多会館 1 階	027-243-3178
埼　玉	330-0062	さいたま市浦和区仲町 3-8-10　エクセレンスビル 501	048-833-0011
千　葉	260-0031	千葉市中央区新千葉 3-2-1　新千葉プラザ 308 号	043-246-4753
東　京	105-0004	港区新橋 5-3-1　JBA ビル 2 階	03-5425-7770
神奈川	221-0835	横浜市神奈川区鶴屋町 2-21-1　ダイヤビル 6 階	045-311-6325
新　潟	951-8067	新潟市中央区本町通 7-1153　新潟本町通ビル 8 階	025-224-5561
長　野	380-0813	長野市鶴賀緑町 1403　大通り昭和ビル 2 階	026-235-3755
富　山	930-0018	富山市千歳町 2-12-11	076-432-8174
石　川	920-0901	金沢市彦三町 2-5-27　名鉄北陸開発ビル 9 階	076-263-9277
福　井	910-0065	福井市八ツ島町 31-406-2　ルート第一ビル 201	0776-26-4581
岐　阜	500-8152	岐阜市入舟町三丁目 10 番地　サンケンビル 2 階	058-201-1176
静　岡	422-8067	静岡市駿河区南町 14-25　エスパティオ 7 階 702 号室	054-285-1086
愛　知	465-0064	名古屋市名東区大針 1-23	052-784-8111
三　重	514-0006	津市広明町 112-5　第 3 いけだビル 3 階	059-226-4895
京　滋	604-8261	京都市中京区御池通油小路東入　ジョイ御池ビル 2 階	075-255-2358
大　阪	540-0033	大阪市中央区石町 2-5-3　エル・おおさか南館 12 階	06-6942-0721
兵　庫	650-0015	神戸市中央区多聞通 3-3-16　甲南第 1 ビル 1005 号室	078-351-2118
和歌山	640-8262	和歌山市湊通り丁北 1 丁目 1-8　和歌山県建設会館 2 階	073-433-0343
岡　山	700-0986	岡山市北区新屋敷町 1-1-18　山陽新聞新屋敷町ビル 7 階	086-239-9077
広　島	730-0017	広島市中区鉄砲町 7-8　NEXT 鉄砲町ビル 3 階	082-228-4660
山　口	745-0034	周南市御幸通り 1-5　徳山御幸通ビル 3 階	0834-32-2942
徳　島	770-0854	徳島市徳島本町 3-13　大西ビル 4 階	088-625-1158
香川検査事務所（講習）	760-0017	高松市番町 3-3-17　第 1 讃機ビル 4 階	087-831-9398
愛　媛	790-0012	松山市湊町 8-111-1　愛建ビル 4 階	089-947-0384
福　岡	812-0038	福岡市博多区祇園町 1-28　いちご博多ビル 4 階　D 室	092-710-5225
熊　本	862-0971	熊本市中央区大江 6-24-13　天神コーポラス 2 階	096-362-7775
大　分	870-0023	大分市長浜町 3-15-19　大分商工会議所ビル 3 階	097-532-5749
鹿児島	892-0816	鹿児島市山下町 9-31　第一ボクエイビル 205 号	099-223-1544
沖　縄	901-2131	浦添市牧港 5-6-8　沖縄県建設会館 5 階	098-878-2441

本　部	105-0004	港区新橋 5-3-1　JBA ビル	03-5473-4500

（2024 年 1 月現在）

日本ボイラ協会発行の二級ボイラー技士受験関係書籍

オリジナルの多数のイラストとそれに対応したわかりやすい解説！

〔新版〕最短合格 2 級ボイラー技士試験

A5 判・405 頁

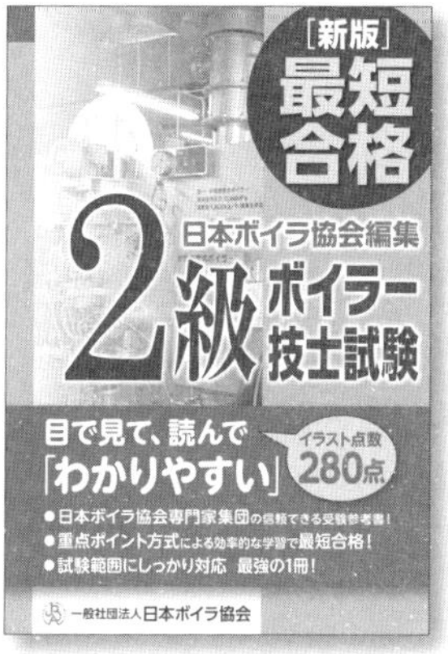

受験対策だけでなく、取扱い業務に従事している方にも必携の座右の一冊！

2級ボイラー技士教本

A5 判・294 頁

法令が苦手という方に説明図を多く加え、わかりやすく解説！

［新版］わかりやすいボイラー及び圧力容器安全規則

A5 判・152 頁

過去３年間に、出題された公表問題に解答とわかりやすい解説を付けた問題集！

2 級ボイラー技士試験 公表問題解答解説

A5 判・249 頁

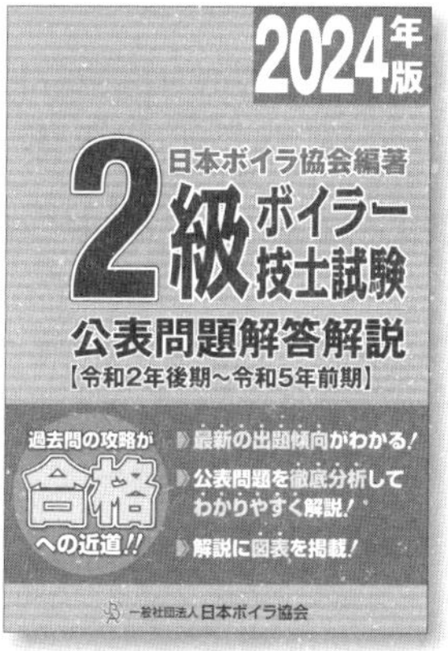

これらの書籍のご注文は、当協会支部
(P.230参照)までお問い合わせください。

●本書の正誤表等の発行に関しては，下記の当協会ホームページで適宜お知らせしています。

一般社団法人 日本ボイラ協会　図書オンラインショップ

https://ec.jbanet.or.jp/onlineshop/

●お問い合わせについて

本書に関するご質問は，FAX または書面でお願いします。電話での直接のお問い合わせにはお答えできませんので，あらかじめご了承ください。

ご質問の際には，書名と該当ページ，返信先を明記してください．お送りいただいた質問は，場合によっては回答にお時間をいただくこともございます。なお，ご質問は本書に記載されているもののみとさせていただきます。

●お問い合わせ先

〒105-0004　東京都港区新橋 5-3-1　JBA ビル

一般社団法人 日本ボイラ協会　技術普及部技術担当

FAX : 03-5473-4522

2 級ボイラー技士試験標準問題集［新版］

2015 年 4 月 12 日　　第 1 版第 1 刷発行

2024 年 2 月 14 日　　第 1 版第 6 刷発行

編集・発行　一般社団法人 日本ボイラ協会

郵便番号　105-0004

東京都港区新橋 5-3-1

電話 03-5473-4500 ㈹

URL https://www.jbanet.or.jp/

印刷／製本　日興美術㈱

ISBN 978-4-907619-28-2